小牛顿 科学故事馆

进化论的故事

Jinhualun de Gushi

小·牛顿科学教育公司编辑团队 编著

北京时代华文书局

给读者的话

探究自然规律的科学，总带给人客观、冰冷和规律的印象，如果科学可以和人文学科搭起一座桥梁，是否会比较有"人味儿"，而更禁得起反复咀嚼、消化呢？

《小牛顿科学故事馆》系列，响应现今火热的"科际整合"趋势，秉持着跨"人文"与"科学"领域的精神应运而生。不但内含丰富、专业的科学理论，还以叙事性的笔法，在一则则生动有趣的故事中，勾勒出重要科学发现或发明的时空背景。这样，少年们在阅读科学理论时，也能遥想当时的思维脉络，进而更关怀社会，反省自己所熟悉的世界观，是如何被科学家和他们的时代一点一滴建构出来。

以本系列的《进化论的故事》而言，开篇第一章"生命从哪里来？"首先谈及进化论形成前的基督教世界观，再用几个科学家的小故事，带出十九世纪初期，学者因为古生物化石的发现，展开对于物种灭绝、地质现象和基督教世界观的一连串思考，这些前人的小小质疑，就是达尔文的思想脉络。

"达尔文时代"与"瓦解的世界观"两个章节，娓娓道来达尔文的年少时代、小猎犬号的探险经历，以及他和家人、好友之间的故事。在此，我们看到的不是一个高不可攀的伟大人物，却是一个谦虚、友善、充满好奇而又心思柔软细腻的平凡人。正是他的真诚与有爱，让身边的人都乐意为他效劳，帮助他完成《物种起源》这部旷世巨作。

第四章"物种革命"深入浅出地介绍达尔文的进化论内容，包括天择、地择与性择，同时也借由著名的"牛津大辩论"，带出进化论和当代价值观的正面冲突；"谁才是对的"讨论进化的科学证据与争议，包括地球的年龄、遗传学说、化石发现、生命的大爆炸及大灭绝等；第六章"达尔文的影响"，则探讨社会达尔文主义、优生学、种族主义，以及清末知识分子严复翻译《天演论》带给中国的省思，并介绍人们对达尔文进化论常有的误解。

此外，附录中还特别绘制了达尔文搭乘小猎犬号的航行地图，在精细的插画中，仿佛与达尔文一起参与了这场考察之旅。对于整个生物起源、进化的理论发展历程，也制作成一幅图解年表，归纳、梳理全书的内容，可以迅速查阅。

在今日快速变动的世界里，唯有持续阅读与对不同学科的思考，才能在时代巨流中找到自己和他人的定位，《小牛顿科学故事馆》系列书辑跨领域、重思考、好阅读，能够帮助少年了解科学理论的背景与人文因素，掌握科学的本质及运作方式，培养成为"通才"的胸襟及气度！

目录

生命从哪里来？
进化论的起源

上帝创造亚当

文艺复兴时的人们认为世间万物为上帝所创。这幅《创造亚当》是梵蒂冈西斯廷教堂礼拜堂天顶画《创世纪》的一部分，由米开朗基罗在公元 1511 至 1512 年间所绘，描绘圣经中上帝创造人类始祖亚当的情形。

圣经里的创造论

人是从哪里来的呢？这么多的植物和动物，又是如何来到这个世界上的呢？今天，我们大多相信万物都是由共同的祖先进化而来的，也就是查尔斯·达尔文在 1859 出版《物种起源》时提出的"进化论"。而在达尔文之前，有很长一段时间，人们普遍相信世间万物是由一位或是多位神祇所创造出来的，也就是"创世论"的观点。

其中，欧洲的基督徒根据他们的经典"圣经"，

认为世间万物都是上帝花费六天创造出来的。"要有光！"根据圣经上的记载，上帝在第一天创造天地时，是这么说的。他在第二天分离了空气和水；在第三天创造了土地和植物；第四天创造了太阳、月亮和星星；第五天创造了水里和空中的动物；第六天，他创造了地上的动物，还有人。

"神创造的万物一定是完美的，所以永远不会改变或消失！"在他们的信仰下，所有的生物都不会改变形态，也不可能会灭绝。当他们以这样的观点去面对自然现象时，也会提出合乎圣经的解释方式。例如当他们发现没有见过的大型动物化石时，会认为这些巨大生物一定还安然生活在世界上的某处；当他们在高山顶上发现贝类等海洋动物遗骸时，也会认为是圣经中记载的大洪水，将这些贝壳淹到这么高的地方。当时，大部分的欧洲人都是虔诚的基督徒，他们的生活与创世论的世界观紧密地结合在一起。

发现生物灭绝

公元 1795 年，法国博物学家居维叶开始在法国国家自然历史博物馆工作。馆内的化石与标本收藏十分丰富，让他可以尽情地用他擅长的比较解剖学来比较化石和现今动物的不同。

"长毛象的化石和现在的亚洲象及非洲象长得很不一样，应该是完全不同的物种。"他在研究过程中感到十分困惑，"体型庞大的长毛象要是还活在世界上，能藏在哪儿呢？"

经过不断地提问、研究与思考，居维叶在 1796 年提出了一种说法，"在我们的世界以前，似乎存在过另一个世界，因为某种

乔治·居维叶

居维叶（1769~1832）曾比较了亚洲象（左上及右下）与长毛象化石（左下及右上）的下巴，发现两者差异极大，证实长毛象是已经灭绝的物种。

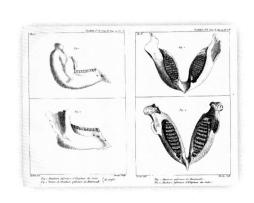

让·巴蒂斯特·拉马克

拉马克（1744~1829）
提出了最早具有逻辑的
进化论。

灾难而毁灭了"。这就是有名的灾变论和物种灭绝的概念。居维叶认为，有些古代动物的确已经消失了，这个崭新的说法在当时超出了许多人的想象。

生物进化的推想

法国博物学家拉马克和居维叶一同在国家自然历史博物馆工作，但是他十分反对他的同事主张的灭绝说法。

"动物并没有消失，它们只是不断地在进化！"公元 1800 年，拉马克提出了另一个撼动人心的说法，认为动物不会灭绝，但是它们的形态会随着环境逐渐改变，而且会变得越来越复杂。

"动物经常使用的器官会逐渐发达，不使用的器官会逐渐退化，而且这样的变化是可以遗传累积的。"这就是拉马克著名的"用进废退说"。

"曾曾祖父、曾祖父、祖父都是铁匠的打铁家族，

洪水与诺亚方舟

圣经里提到一场持续 40 昼夜的大洪水，淹没所有的陆地。洪水到来之前，上帝命令诺亚建造一艘巨大的方舟，将陆上每种生物都留下雌雄一对放入方舟中，以免它们灭绝。在长毛象及恐龙等化石出土后，有人曾说它们是因体型太大，挤不进诺亚方舟的入口才会灭绝。

拉马克的进化论

1

长颈鹿的祖先脖子并不长。

2

为了吃到因为干旱而位置变高的树叶，只好不断地用力拉长脖子。

3

长颈鹿因为用力而越来越长的脖子，经过世代的累积与遗传后，形成今天我们看到的长脖子。

　　拉马克认为，动物的体内存在一种"神经液"，会流向还在使用的器官，而从不用的器官流走，因此前者会进一步发展，后者会逐渐萎缩。例如在长颈鹿的体内，神经液不断地流向经常使用的脖子，导致脖子变长。

父亲不但继承了祖先们强壮的手臂，自己因打铁而新锻炼出来的肌肉，也会继续累积传给儿女们。"他认为，改变的形态可以经由代代相传，逐渐累积。

"长颈鹿的祖先脖子并不长，但是由于非洲草原干枯，它们为了吃到位置变高的树叶，只好不断用力拉长脖子，经过了好几个世代之后，就形成了我们所看到的长脖子了。"拉马克举了好多例子来说明他的想法，形成最早具有逻辑的进化论。

"胡说！埃及墓穴中好几千年前所存在的埃及圣鹮木乃伊，长得和现在的鹮一模一样，并没有改变啊！"居维叶觉得拉马克关于动物会进化的说法很不可思议。

"根据我的解剖学研究，动物的每一个部位都完美地互相配合，才不会有某个部位进化成别的样子呢！"他和拉马克经常争吵，水火不容。

位于巴黎市中心塞纳河畔的法国国家自然历史博物馆，于公元 1793 年法国大革命期间成立，是世界最早的自然历史博物馆。由于当时拿破仑的军队东征西讨，从欧洲、俄罗斯及埃及带回来许多活生生的动物、标本与化石，馆内的藏品一年比一年丰富，让居维叶能够找出化石和现存动物之间的差异，提出动物灭绝的主张。

灾变论 vs 均变论

如果要了解古代生物，势必也要熟悉古生物化石所在的地层和地质环境。居维叶经常前往巴黎附近的石灰石矿场考察，那里有着由不同岩石及化石堆叠而成的地层结构。在观察许多地层之后，他进一步充实他的物种灭绝说，主张这些古代的动物，是因为许多次全球范围的大洪水、地震或干旱等灾难而惨遭灭绝。

"受灾地区被新的地层覆盖，由幸免于难或上帝新创造出来的动物重新在上面繁衍，经过了几次灾难后，就形成了今日一层层堆叠的地层结构。"居维叶认为，这些地层现象，以及高山和峡谷等地貌，都是在少数几次大洪水或大地震等古代超级灾难降临后迅速成形，同时导致了大规模的物种灭绝，"随着时间的推移，这些地质活动的规模会逐渐趋缓，变得越来越小。"这就是居维叶在1812年提出来的"灾变论"。

詹姆斯·赫顿

赫顿（1726~1797）是早期均变论的代表，他相信由上帝所造的地球是部不停运转的机器，永远维持适宜人居的状态。

灾变论与均变论

灾变

灾变论认为，地球的历史是由一系列突发且破坏力强的大灾难组成，也因此形成了高山和峡谷等地貌，同时导致大量生物的灭绝。

均变

均变论则认为，一切的地质现象都是由日常可见的风雨侵蚀、搬运、沉积、火山爆发、风化等力量持续、缓慢地形成。

和灾变论对立的另一种理论称为"均变论",认为地质现象都是由日常可见的风雨侵蚀、搬运、沉积、火山爆发、风化等力量持续、缓慢地形成。

早期的均变论是由来自苏格兰的赫顿提出,他在1785年就曾经形容地球是一部不停运转的机器,地心炙热的岩浆会不断地把花岗岩往上推,形成火山或山脉,经过风雨侵蚀后,再沉积到海里,形成新的岩层后再重新被推上来。

另一位主张均变论的是英国地质学家莱尔,他的著作《地质学原理》对达尔文的进化论产生重要的启发。

均变论虽然开启了现代地质学的研究道路,但是居维叶提出因灾变导致大规模灭绝的说法,也有一部分是正确的,例如大规模火山爆发或陨石击中地球等灾难,结果也可能会导致全球环境的改变及物种的大规模灭绝。

最早的恐龙

根据历史记载,17世纪的人们就已经看过恐龙的化石了,只是大多认为它们是属于神话里的生物或是大自然开的玩笑。一直到19世纪,博物学家才用接近现代的观点认识这些不可思议的古代生物。

"这个生物化石的脊柱和四肢与四足兽相似,但是从牙齿来看,这个生物是卵生,而且应该属于蜥蜴类!"第一只有着完整报告及正式名称的恐龙是肉食性的"斑龙",由英国博物学家巴克兰在牛津附近的矿石场中发现,并在1824年发表这份报告。

据说古怪的巴克兰在牛津大学教课时会模仿蜥蜴吃饱后摇摇晃晃的步伐,或是舞动长袍模仿翼龙飞翔的样子。他还会帮他养的熊戴上帽子并穿上袍子,带

威廉·巴克兰

巴克兰(1784~1856)在牛津教授地质学,华丽的教学风格让他在牛津成为传奇。

第一只恐龙

第一只正式命名的恐龙"斑龙"由巴克兰于 1824 年发表。
图为 1859 年的斑龙重建图，你觉得像鳄鱼还是像蜥蜴呢？

斑龙的现代重建图

吉迪恩·曼特尔

曼特尔（1790~1852）是英国产科医生、古生物学家与地质学家，发现了第一种草食性恐龙"禽龙"的牙齿。

恐龙模型中的晚餐

1853 年 12 月 31 日，21 位学者在欧文制作的禽龙模型中共进晚餐，该模型后来陈列在英国伦敦水晶宫内展示。恐龙在 19 世纪形成一股旋风，总是登上新闻头条。当每个人都知道在遥远的过去生活着这种奇异的巨兽时，进化论也变得较易被大众接受。

到学校参加活动，连当时还年轻的达尔文都看不下去了，评价说："他的行为有时候真像个小丑！"

公元 1825 年，也就是巴克兰发表"斑龙"的隔一年，外科医师曼特尔也发表了他在英国苏塞克斯郡采石场找到的恐龙化石研究。由于该恐龙的牙齿除了大小之外，其他特征都和现存的鬣蜥牙齿十分吻合，因此曼特尔便将这个草食性生物命名为禽龙（意思是"鬣蜥的牙齿"），成为第二种正式被记录的恐龙。

曼特尔的晚年过得并不惬意，不但妻离子散、研究频频被同事阻挠，还出了一场严重的车祸，让他往后深受脊椎变形的伤痛所苦。以鸦片作为止痛剂的曼特尔，最后因服用过量死亡。死后的曼特尔又被那一名阻挠他研究的同事描述成"二流的解剖学家"，连他那变形的脊椎骨也被以学术之名挖掘出来收藏研究。

他的那名同事，就是才华洋溢的解剖学家欧文。他在 1841 年发明了"恐龙"（意思是"恐怖的蜥蜴"）一词。欧文仔细地研究了这些恐龙化石，宣布恐龙不但在体型上比现代爬虫类大得多，而且更为先进。由于当时许多进化论者仍受到拉马克的影响，认为物种只会往更复杂、更进步的方向进化，因此欧文认为这些"高级"的恐龙可以证明进化论是错误的，物种应该是上帝分批次创造之后，于末日来临时毁灭。

由于进化论逐渐得势，身为反对进化论代表的欧文，晚年逐渐被科学界边缘化，甚至被认定窃占及妨碍他人研究，失去了名声。

长角的蜥蜴

曼特尔在推想禽龙生前样貌时，将禽龙的尖指爪误认为鼻子上的角，他笔下的禽龙也因此变成一只鼻子上有角、以四只脚走路的大蜥蜴，和今日我们的认知中，主要用后肢行走的禽龙很不一样！

达尔文时代
不凡人物的平凡起点

达尔文的年少时代

1809 年 2 月 12 日，英国舒兹伯利显赫的"达尔文－韦奇伍德"家族多了一位新成员，取名为查尔斯·达尔文。达尔文的祖父伊拉斯谟斯·达尔文是当时著名的医生、发明家和诗人，外祖父乔塞亚·韦奇伍德更是现今依然有名的玮致活陶瓷公司创办人，含着金汤匙出生的达尔文，一生都不用为钱的事情烦恼！

达尔文的父亲罗伯特·达尔文喜爱花木，在家里的花园里种了许多花草和果树。达尔文从小在这样的环境下成长，渐渐地对大自然发生兴趣。1817 年，达尔文 8 岁时，把一束白色的报春花插在红墨水瓶里，使它变成了一束红色的报春花。罗伯特暗自佩服，小小年纪的达尔文竟然无师自通，自己做出毛细管渗透液体的实验了。

达尔文的母亲苏姗娜·韦奇伍德在他 8 岁时便去世了，留下六名子女。排行第五的达尔文从小就由姐姐们照顾，有点小聪明的他，爱玩的个性经常让父亲与姐姐们头疼。

"你只在乎打猎、玩狗和捉老鼠，总有一天你会

伊拉斯谟斯·达尔文

伊拉斯谟斯·达尔文曾提出所有生命出自微生物的说法。他在达尔文出生前 7 年去世。对祖父所知有限的达尔文，认为祖父的说法对他的进化论"没什么影响"。

使你自己和整个家族蒙羞！"达尔文的父亲罗伯特·达尔文气呼呼地对着当时 16 岁的达尔文说。罗伯特是地方上受人敬重的医生，肩宽体胖，体重 300 斤以上，虽然在怒气冲天时会说出一些气话，但对达尔文来说，父亲是他所知道最仁慈的人。罗伯特明白达尔文一辈子必定衣食无虞，因此希望他的人生有所成就，不要只是过着游手好闲的公子生活。

罗伯特·达尔文

罗伯特·达尔文（1766~1848）是地方上受人敬重的医生，总希望儿子达尔文能做医生或是牧师等体面又安稳的工作。

达尔文经常到舅舅乔塞亚·韦奇伍德二世的庄园——梅庄玩耍。梅庄有一片美丽的树林，达尔文都在那里采集花草、捕捉昆虫。他也常到庄园里的图书室中，饱览关于自然界奇妙的知识。疼爱达尔文的舅舅，会教导他有关大自然的秘密，并指导他观察与记录的方法，小小的达尔文从中受益良多。

小查尔斯·达尔文

七岁的达尔文（1809~1882）和他六岁的妹妹凯瑟琳·达尔文。

达尔文 18 岁后，顺应着父亲的安排，进入爱丁堡大学学习医学，因为罗伯特希望达尔文能继承衣钵当医生。但当达尔文在爱丁堡医院的手术室看到两次差劲的手术后，就再也没有去过手术室了。根据达尔文的说法，那时的外科手术还未使用麻醉，"有一次是为一名小孩做手术，但我在完成前就已经先跑了"。心灵受到震撼的达尔文回忆，"许多年来，我一想到那两个病例，内心还是感到十分困扰"。

对自然科学产生兴趣

对于医学、解剖学课程都兴致不高的达尔文，对于自然史却逐渐产生兴趣。在爱丁堡大学的第一个暑假，达尔文与朋友去韦尔斯山区健行，对于当地鸟类产生了好奇，于是便在日记中记录下他的观察。开学后，达尔文报名了自然史（也就是博物学）的课程。他跟着詹姆森教授，学习岩层排序的知识以及植物的分类，但教授在地质学方面，坚持相信水成论（水成论主张地球一切的岩石都是在水中沉积形成的，强调水的沉积作用，不承认存在火成岩一类的岩石），对此理论抱有怀疑的达尔文，常觉得课程无聊，甚至打算以后"再也不读地质方面的书"了。

对课业提不起兴趣的达尔文，却浇不灭心中对知识的渴望。除了经常去学校的博物馆参观外，他还去向人学习制作鸟类标本的方法。达尔文在校外交往不少学者好友，博物学家吉利弗雷很支持达尔文对鸟类的兴趣，另一位博物学者格兰特则带领达尔文在海滩收集各种海生动物，研究并发表论文。1827年，达尔文的笔记中写满了关于这些海洋无脊椎动物的观察。

达尔文从医学教授的课堂上，接触了瑞士植物学家奥古斯丁·德·堪多的"自然体系"理论，它指出物种之间在进行

达尔文在爱丁堡大学就读时期，常与格兰特研究海洋生物学，他还在1827年时发表演说，宣布自己发现牡蛎壳上的黑色物体是水蛭的卵。

战争，不同的物种为了争夺空间互相之间在进行战争，启发了达尔文的自然选择原理。

达尔文对医学的厌恶不断增长，不断向家里求援，父亲只好让放弃医学的达尔文改去剑桥学习神学，希望以后至少也能当个乡村牧师。然而很不幸地，达尔文在剑桥最有兴趣的并不是研读圣经，而是搜集甲虫。有一天，他在一棵老树上发现了两只罕见的甲虫，迫不及待地一手捉住一只，谁知道又有第三只新品种的甲虫在眼前出现，心急的达尔文连忙把右手的甲虫抛到嘴巴里，"天啊！"甲虫分泌出辛辣刺鼻的液体，达尔文的舌头痛得不得不把甲虫吐出来，结果第三只也没有抓到。

达尔文曾将他最稀有的甲虫标本寄给英国昆虫学家斯蒂芬进行研究，当他看到史蒂芬在《英国昆虫图录》中提到自己捉的甲虫时感到开心极了，"诗人最高兴的事情莫过于看到自己第一部作品付梓，而当时的我比诗人还要开心！"达尔文在晚年举世闻名时回忆年少时代小小的成就，仍感到十分骄傲。

奥古斯丁·彼拉姆斯·德·堪多

奥古斯丁·德·堪多（1778~1841）是瑞士植物学家，他首先提出了"自然战争"的概念，也因此启发了达尔文。

年少时的达尔文喜爱搜集各式各样的甲虫，曾将珍藏寄给昆虫学家詹姆斯·斯蒂芬做研究，图为史蒂芬的《英国昆虫图录》插图。

剑桥大学

剑桥大学位于英国剑桥市，是欧美地区历史第二悠久的大学。非常多领域的杰出人才来自剑桥大学，共有97位诺贝尔获奖者、15位英国首相曾为此校的师生、校友或研究人员。

约翰·史蒂芬斯·亨斯洛

达尔文和剑桥植物学教授亨斯洛（1796~1861）之间的感情非常好，经常一起吃饭、远足及做研究，有些同学还因此称达尔文为"与亨斯洛同行的人"。

搭上小猎犬号

达尔文在剑桥就读时，与教授植物学的亨斯洛和教授地质学的赛奇威克感情非常好，时常一同吃饭、讨论问题及出游考察，从中也学到了许多搜集植物、制作标本及野外考古的知识。

有一天，他收到亨斯洛的一封信，说小猎犬号的船长菲茨罗伊为了排解下次出海期间的苦闷，愿意收留想要随船进行博物学考察的年轻人作为航程上的陪伴，义务工作，没有津贴。

当时刚从剑桥毕业、还没有工作的达尔文对于这趟旅行跃跃欲试，然而他敬爱的父亲罗伯特又不同意了，认为此行对达尔文日后成为牧师的名声不好，且对方一定是被许多博物学家拒绝之后，才找上达尔文，"既然其他人都没有接受聘请，这艘船或这次航程一定有不妥善之处"。罗伯特之所以会极力反对，主要也是担心达尔文继放弃医学之后，可能又会放弃神学，无法过上安稳的生活。总而言之，罗伯特认为这趟旅行对达尔文的人生完全没有好处。

失望的达尔文不得不去找支持他出航的舅舅乔塞亚·韦奇伍德二世商量，希望舅舅能说服父亲改变想法。经过舅舅一番恳切地请求后，十分尊敬乔塞亚的罗伯特只好同意并承诺资助儿子昂贵的行程。第二天，达尔文就迫不及待地到剑桥及伦敦探访亨斯洛和菲茨罗伊，开始打点旅程所需的一切。

达尔文出身良好，举止
得体，十分受人欢迎。

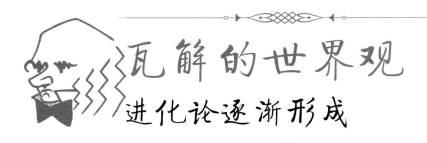

瓦解的世界观
进化论逐渐形成

小猎犬号启航

英国皇家海军旗下的小猎犬号，于 1831 年 12 月 7 日从英国普利茅斯港出发了！这是船长菲茨罗伊第二次出任务，他奉英国政府之命，将运用新型时钟绕行地球一周，以得到更精准的经度数值，以及绘制南美洲的海岸地图来建立新的贸易航线。由于当时的海军礼仪严禁船长和船员们社交，因此菲茨罗伊需要一位聊得来的友伴，让他不会像小猎犬号的上一任船长一样因寂寞发疯而了结自己的生命。

小猎犬号

隶属于英国皇家海军的小猎犬号（中），将载着达尔文经历长达五年的海上之旅。

"今天早上有送上热咖啡吗？"这句话是船员之间的暗语，用来探听坏脾气的菲茨罗伊船长今天的心情如何。据达尔文所说，菲茨罗伊责怪人从不留情，"和他相处真是难上加难"。

对达尔文来说，船上糟糕的事不只有与船长的相处，还有严重的晕船问题，他在 1831 年 12 月 30 日的日记中写到"我很难想象有比今天更悲惨的状态了"，记录他的晕船经历。1832 年 1 月 2 日，他更写到"今天天气状况不好，我差点因晕船到精疲力竭而昏倒"。达尔文的晕船症状，在小猎犬号 5 年的航行中都深深困扰着他。

尽管船上生活不尽如人意，这趟探索之旅却对达尔文的思考产生翻天覆地的冲击，并在日后改写他的人生。

罗伯特·菲茨罗伊

性格乖戾的罗伯特·菲茨罗伊（1805~1865）船长担心自己会像叔伯一样自杀，因此才会寻找像达尔文一样受过教育的年轻人上船作为他的聊天对象，以排解长途旅行的寂寞。然而 1865 年，他在身心状况欠佳的情况下，还是选择结束自己的生命。

达尔文的海上生活

AM8:00
和船长共进早餐，开启解剖、分类和记笔记的一天。

PM1:00
吃午餐，今天又是吃纯素食，包括米饭、豆子、面包和水。吃完后继续做研究、读书。

PM5:00
晚餐吃肉、腌菜、水果干和柠檬汁。

出海清单

- ☑ 解剖刀
- ☑ 显微镜
- ☑ 放大镜
- ☑ 望远镜
- ☑ 放标本的盒子
- ☑ 来福枪（打猎用）
- ☑ 手枪（对付原住民用）
- ☑ 指南针
- ☑ 洪保德的《新大陆热带地区旅行记》
- ☑ 莱尔的《地质学原理》
- ☑ 约翰·弥尔顿的《失乐园》

莱尔以意大利塞拉比斯神庙的遗址，作为"地质学原理"的卷首插图。柱列上有软体动物穿孔的痕迹，说明神庙曾经沉入海底、再浮出地面。

是什么改变了地球面貌？

过去，达尔文接受的剑桥神学教育，让他仍然相信万物是上帝精心设计的结果，物种一旦存在，就应该永恒不变，不过地球上曾经出现的几次大洪水，可能导致一些物种的灭绝。

为了排遣长途航行的时光，达尔文携带了几本和地质、生物相关的书籍，其中一本由英国学者莱尔撰写的《地质学原理》，带给他不同的视野。莱尔认为山岳与海洋，是经由无数次的火山爆发、地壳隆起、河川侵蚀与堆积作用缓慢形成，并不是由大灾难突然造成的。在往后的航行中，达尔文有幸攀登安第斯山脉，在数千米高的地层中发现贝类化石，思索山脉是如何被海水淹没，并目睹壮观的奥索尔诺火山喷发，经历地震带来的摇撼，也见到沿海城镇在地震所引发的海啸中化为瓦砾。这些亲身体验，使达尔文对于莱尔的理论完全折服。

"地壳曾经历好几次的隆起和淹没，这样的说法，完全能够解释在陆生动物的骨头旁边，为何会掩埋着海贝化石了！"

莱尔的均变观点，对于达尔文能正确判定地层与化石年代，并且日后逐渐形成进化思想有莫大助益。

拜访火地岛

1833 年初，小猎犬号来到位于南美洲最南方海域的火地岛，这趟航行另有一个重要目的，是要完成船长伟大的实验。三年前，菲茨罗伊从火地岛带了两名男青年和一名女青年前往英国，包括友善的青年巴顿、沉默寡言的敏斯特以及敏斯特的女友贝丝凯特。菲茨

奥索尔诺火山

奥索尔诺火山位于南美洲智利，是安第斯山脉中最活跃的火山，达尔文曾目睹该火山爆发的情况。现在奥索尔诺火山山顶全被冰川覆盖，远眺十分美丽。

火地岛风情

火地岛是南美洲最南端的群岛，隔着世界最宽的海峡——德雷克海峡和南极洲遥遥相望。

罗伊出钱让他们在伦敦接受教育，学习英语，认识上帝，成为懂礼仪的人。三名火地岛人的表现可以说都相当良好。这次，船员要将三人和传教士马修斯带到火地岛，希望他们能在当地建立基督教信仰的前哨站，让没有开化的火地岛人认识上帝。

"亚嘛斯谷那！亚嘛斯谷那！"一群拥有油腻腻的古铜色皮肤，脸上涂了红色、白色、黑色条纹，半裸着高大的身子，头发肮脏杂乱的火地岛土著围绕着达尔文一行人，吆喝着局外人听不懂的语言，他们的意思是"给我、给我"。

火地岛人很欢迎小猎犬号的到来。更准确地说，是很喜欢船员带来的礼物和小饼干。火地岛人将收到的红色衣服系在脖子上，发出笑声，拍打着达尔文等人的胸膛表示友好，并指着眼睛所见的各样新奇物品，重复说着"亚嘛斯谷那"向船员索讨。

饥荒的时候，火地岛的一些部落在杀掉狗做粮食之前，会先杀掉女人。"因为狗可以猎海豹，女人没有用。"一个部落里的男孩这样告诉达尔文。另一个船员曾目睹一桩触目惊心的惨案：一个火地岛人因为孩子不小心打翻了一整篮海鸥蛋，盛怒之下将他推去猛撞石头，孩子被撞得倒地不起，最后失血过多而死。

看到这些原始住民的模样，达尔文开始觉得人和动物的分别，其实没有想像中的差异那么大，"这些叫声难听，身体又油又脏，举止粗野的可怜人，真是我亲爱的同伴吗？"这对于他日后思考"人和猩猩有共同祖先"的论点，多少产生了影响。

巴顿似乎已经忘了自己的母语。"听到他用英文和哥哥对话，接着又用西班牙文询问对方是否听懂，真是令人好笑，却又感觉可怜。"达尔文心里这么想。他们什么也没说，就只是将他围在中间，隔天，巴顿为他们每个人都穿上衣服，情况似乎改善了些。

船员在火地岛扎营，将巴顿等三人和传教士留在当地，然后离开去探测其他地方，想看看会发生什么事情。船员再回来的时候，马修斯告诉他们这十几天发生非常可怕的遭遇：火地岛人偷窃他们的东西，并且践踏菜园，马修斯和巴顿试图劝阻，火地岛人却将马修斯打倒在地上，而敏斯特和贝丝凯特竟然也站在火地岛人那边。

画家笔下描绘出的火地岛原住民样貌。

船员担心马修斯的安危，因此将他带回船上，而三名经过教育的火地岛人仍然留在家乡，期望情况会有所改变，这一次，船员隔了一年才回来。

他们最友善的朋友巴顿特地划着独木舟，带着海豹皮和矛头来迎接小猎犬号，但是达尔文几乎认不出他，"我们再看到他的时候，他已经变成一个半裸、瘦削又污秽的蛮子，不再是那个整齐的壮硕青年了。"他已经找到了一个妻子，宁愿留在家乡，也不愿跟随小猎犬号回到伦敦。

菲茨罗伊的计划完全失败了。达尔文认为，文明不应强行介入原始部落生活，让他们保有原来生活方式，才是对他们最好的。将三名火地岛人带到伦敦，短暂接触文明后再回到家乡，对他们只会造成伤害与矛盾，让他们更难适应原本的生活。

挥别文明

这幅收录在《小猎犬号之旅》中的水彩画，记录了巴顿最后一次向文明挥别的场景。

科隆群岛上的奇妙生物

1935 年，小猎犬号周游世界的第四年，是旅程具有关键意义的一年。这一年，达尔文不但经历了火山爆发与地震，还登上了位于东太平洋的赤道上、靠近南美洲西岸的科隆群岛，岛屿上充满了各种前所未见的奇妙生物，令达尔文大开眼界，这些多样化的动植物标本，也成为进化论形成的重要证据。

"哇！世界上竟然有这么大的爬虫类，长得还真是丑陋呢！"

岛上的特有生物之一，是身长超过一米，体形巨大、相貌也相当吓人的鬣蜥，包括陆鬣蜥和海鬣蜥。陆鬣蜥和海鬣蜥的背部长了一排尖刺，它们还具有粗硬的皮肤以及宽阔的大嘴，给人一种凶暴的印象。事实上，它们的个性胆小温驯，而且是以草食为主。

达尔文发现，海鬣蜥喜欢成群聚集在海边晒太阳，灰蓝的体色和岩石很像，嘴巴短圆，主要啃食石缝间

方蟹
- - - - - -
当达尔文抵达科隆群岛时，首先迎接他的除了面目狰狞的海鬣蜥，还有成群结队在海滩爬行的方蟹。方蟹约有手掌大小，它们的身体呈现漂亮的红色，不仅能左右移动，也可以前后行走自如。

的海藻，偶尔也会跃入水中、大啖海底的藻类，借由打喷嚏从鼻孔排出多余的盐分。海鬣蜥尾巴两侧扁平、趾间有半蹼，适合游泳。陆鬣蜥的身体呈绿色和红褐色，口部较长，以仙人掌和其他植物为食，尾巴呈圆柱形，脚爪短而有力、趾间没有蹼，喜欢在潮湿的土地上刨洞栖息。"两种鬣蜥的身体构造差异，刚好各自适合它们的居住环境呀！"达尔文心里这么想。

不一样的鸟嘴和龟壳

在科隆群岛上，有着全世界最巨大的陆龟——加拉帕戈斯象龟，它们的平均体重 175 千克，最高纪录可以达到 400 千克，需要六个成年人才抬得动。达尔文很喜欢骑在这些乌龟背上，让这些庞大而缓慢的动物载着，悠然饱览岛上风光。加拉帕戈斯象龟很喜欢喝水，爱吃仙人掌的叶子，不过在食物匮乏的时候，它们不用吃东西也可以活很久，因此经常被水手带到船上当食物，一

海鬣蜥

海鬣蜥是科隆群岛的特有种，主要栖息在海边岩石，尾巴两侧较扁，可以在海中游泳及觅食。它的口鼻圆钝，可以啃食岩石上的海藻。脚爪较长、爪子尖锐，适合攀爬在岩石上。

陆鬣蜥

陆鬣蜥也是科隆群岛的特有种，不同岛屿上的陆鬣蜥，形态与体色会有些差异。尾巴呈圆柱状的陆鬣蜥，嘴巴较长而尖，喜欢吃仙人掌的叶子，脚爪短而有力，擅长刨土掘洞。

只大型象龟就可以取出 90 千克的肉呢!

"仔细观察,会发现来自不同小岛的陆龟龟壳形状各不相同,只要观察龟壳,就能知道这只乌龟是来自哪个岛屿了。"当地的英国人劳森这样告诉达尔文。劳森在查理岛担任流放罪犯看守者,他用象龟的壳当花盆,因此对各岛龟壳形状的差异了若指掌。

群岛上的许多生物不但在其他地方看不到,就连岛和岛之间的差异也相当大,这让达尔文开始思考,地域隔离和物种差异间的关联性。除了象龟壳的例子之外,达尔文在岛上搜集到许多不同种类的雀鸟,这些雀鸟的喙的大小、形状各不相同。刚开始,达尔文以为它们是不同的鸟类。"不晓得哪些鸟是雀鸟,哪些是黑鸫、黄莺或鹪鹩,全部带回去问问专家好了。"

达尔文当时不晓得,原来这些鸟都一样是雀鸟,只是在各岛不同的生态环境下,因为适应环境的需要而发展出各自不同的样貌,变成不同的亚种。这个谜

蓝脚鲣鸟

蓝脚鲣鸟分布在东太平洋海岛上,以科隆群岛最为著名。雄鸟发情时会张开翅膀、翘起尾部,对雌鸟跳起舞来求爱,如果雌鸟接受,双方就会共同繁殖后代,一起度过下半生。

弱翅鸬鹚

弱翅鸬鹚是科隆群岛的特有种,它们的翅膀很小,几乎不会飞行,却有很好的潜水能力,可以捕食水中的章鱼和各种鱼类。

进化仍在进行中！

1977 年，一场干旱使得科隆群岛的种子数量锐减，中嘴地雀所偏好较柔软、较小的种子很快就没有了，只剩下更大、更硬的种子。中嘴地雀的数量不断减少，而幸存者的喙形状则改变了。这可以说是人类所观察到"物竞天择，适者生存"的真实案例。

1. 大嘴地雀 (large ground finch)：喙短而粗厚，啄食地上大而坚硬的种子。
2. 中嘴地雀 (medium ground finch)：喙比大嘴地雀稍小，偏好较软、较小的种子。
3. 树雀 (tree finch)：适应了树林里的生活，兼吃植物和昆虫。
4. 莺雀 (warbler finch)：喙又尖又细，喜欢吃昆虫。

团在他回国后才解开，证实了地理隔离对物种发展的重要性。

困惑的地质学家

1836 年十月，小猎犬号返航，达尔文带着一路上搜集到的标本和化石，回到伦敦的家乡。好不容易盼到儿子回家，达尔文的父亲却发现，"这孩子从旅程回来以后，仿佛脑袋都变得不太一样了"。这五年的时间，让达尔文脱胎换骨，他找到自己对自然史和地质的兴趣，从一个浑浑噩噩的富家子，蜕变为一名埋首研究、认真写作的上进青年。

达尔文也活跃在伦敦的知识名流社交圈，和所仰慕的学者莱尔成为好朋友。在莱尔的推荐下，达尔文担任地质学会秘书，并着手为小猎犬号的航行写作专书。

他也将旅途中搜集到的化石和生物标本，各自交给该领域的权威研究。

"那些喙大小、形状各异的鸟类，你原先标注包括雀鸟、黄莺与鹪鹩等不同名称，其实通通都是雀鸟，只是已经分化成不同的亚种。此外，你从三个岛带回来的仿声鸟样本，刚好可以分成三个物种，每个岛的物种各不相同，而且都是罕见的新种。"研究鸟类的专家古尔德指正达尔文的错误。

差不多的时间里，达尔文带回来的大型哺乳动物化石，也有了令人振奋的回音：欧文鉴定出一种约于一万多年前灭绝的巨爪地懒，还有已灭绝的大型贫齿目食蚁兽。达尔文注意到，自己当初找到这些化石的地点，刚好存在着现生的树懒和食蚁兽。

"为什么这些小岛上，会有这么多独立的物种？

理查·欧文

理查·欧文 (1804~1892) 是 19 世纪英国著名的古生物学和解剖学家，收藏无数的化石与标本，他也曾经研究达尔文航行带回来的动物标本和化石，但后来成为进化论最主要的敌人。

已经灭绝的物种和现生动物之间，又有怎样的关联呢？"达尔文心中逐渐萌生出物种进化的想法，他还不敢把这个想法告诉别人，只是在自己的笔记本上，画出了一棵进化之树。由树的主干分出其他的枝干，象征着一个物种衍生出许许多多的物种，而那些不再繁衍的断枝，就代表了灭绝的动物。

进化观点萌芽

"我相信是隔离的居住环境，使得来自相同祖先的动物，身体产生了一些变化，但这种改变是如何发生的？"此时达尔文承认了动物发展成新种的可能性，但是他不认同拉马克的进化理论。"动物会因适应环境，靠意志使身体发生变化，并将后天产生的变化遗传给后代，这种假设是缺乏根据的。有没有进化的其他可能性？"

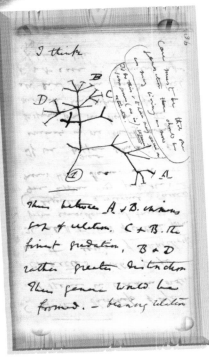

1837年7月至1838年2月间，达尔文萌生物种演变的想法，他在自己的笔记本上，画出代表族群繁衍、分出旁支的进化之树。

巨爪地懒骨骼复原图

达尔文曾在南美洲潘帕斯草原，挖到五种已灭绝的贫齿目化石。巨爪地懒站起来高达三米，它们可能不像现在的树懒一样爬到树上，而是站在地上吃树上的叶子。贫齿目包括树懒、食蚁兽和犰狳，是较早的哺乳动物，全都分布在美洲大陆。

就在达尔文苦思物种如何因应环境改变时，他拜读了经济学大师马尔萨斯于1798年出版的著述《人口论》，这本书中的观点，提到人口在不加干预的情况下将以几何倍数增长，每隔二十五年就可以翻倍。然而地球的粮食、资源有限，最后就只能通过天灾、饥荒或战争，来对人口爆炸的情况加以限制。

"大自然是一个资源有限的环境，动物们在这里面临生存竞争，弱者被淘汰，只有适合生存的个体能存活下来！"达尔文看到了进化理论的曙光。

这时候，达尔文也快要30岁，到了该考虑自己终身大事的年纪。经过一番深思熟虑后，他在1839年1月，和大他九个月的表姐艾玛·韦奇伍德成婚。

结婚后，达尔文与妻子离开城市，搬到与伦敦相邻的肯特郡唐恩村，住在一座环境清幽的大宅院里。达尔

结婚的利与弊

达尔文在面对结婚选择时，曾理性地在纸上列出赞成及反对的理由，见解非常精辟而实际。

结婚的理由：	不结婚的理由：
有个孩子（如果上帝愿意的话）	可以自由去任何想去的地方。
老年的伴侣(谁会对一个人感兴趣呢？)	不必被迫去访问亲属。
有人照料房子。	不必耽于琐事。
与温柔贤惠的妻子坐在沙发上，烤着温暖的炉火，读书或听音乐。	可以肥胖、懒散、有钱买书。
	不必负起家计，为钱工作。

达尔文最终选择结婚，这有一部分要归功于有钱的爸爸给他一笔财富，不必担心经济问题，使得结婚的好处压倒性胜过不结婚。

达尔文和艾玛结婚后，离开繁华的伦敦，在唐恩村买了一座占地18英亩的庄园，他在这里完成了重要的著作《物种起源》。

文在这里种花草、养动物，并且私下将进化理论发展得更成熟。达尔文的影响世界的名作《物种起源》，就是在这个远离尘嚣的庄园里孕育而生。有好长一段时间，达尔文就这么默默埋首研究、勤做笔记，不敢对外宣布他的研究。一直到1844年，他才忍不住向一位新结交的笔友——约瑟夫·胡克透露了自己的想法。

胡克是一名年轻的植物学家，他分析达尔文在科隆群岛采集的植物标本，对于岛屿间的生态多样性特别感兴趣，"真是奇怪，如果根据创世论的起源说，物种是从一个中心点往外扩散到四面八方，那为什么在群岛上会有这么多元的植物种类呢？"

达尔文逮着这个机会，带着忐忑不安的心情，在回信中告诉胡克心中潜藏的答案："如今我几乎确信（与我一开始的论点相反），物种并非不可以改变（我好像承认杀了人！）……我认为，自己已经发现了（这还是一种假设），物种敏锐适应各种环境的简单方式。"

胡克并没有斥责达尔文胡言乱语，而是饶富兴致地和他讨论起物种分布，这令达尔文既欣慰、又感激，并和胡克成为终身的好友。

信仰的挣扎

"主啊，求你保佑我一路顺利，待会儿可以赶在校门上锁前回到学校吧！"

达尔文曾经是信仰真实的基督徒，自传中回忆，中学时期，他住在离家不远的学校，经常趁着点名和校门上锁的空当回家，而返校时一边奔跑一边祷告，并因为赶上时间而感谢上天的帮助。

而后，达尔文就读剑桥神学院，身边不少敬重的师长、朋友都是基督徒，然而，由于进化观点与创造论之间的冲突，使他在往后的人生中，必须面对科学与信仰的抉择。

达尔文的妻子艾玛，是一个善良、温柔、对于上帝极为敬虔的女人。结婚前，达尔文向艾玛透露自己有某些"异端"思想，但是两人对彼此的爱，以及结婚的共同愿景让他们决定跨越这道藩篱，然而，信仰上的分歧仍然困扰着这对夫妻。"只要想到我们的灵魂不能永远相守，我的心灵就充满忧伤。"艾玛曾经这么告诉达尔文，这无疑加深了达尔文心中拉锯的矛盾。

艾玛与达尔文婚后生了十个孩子，或许是近亲通婚的结果，他们的孩子各个像老爸一样体弱多病，达尔文最疼爱的大女儿安妮，更在 1851 年因肺结核离开人世，这无疑是压垮骆驼的最后一根稻草，达尔文在悲伤、愤怒之余放弃了信仰。

"世上有太多的苦难，我无法想象仁慈、智慧的上帝让他所创造的生物受苦，这么做有什么好处？将苦难解释为生物经历自然选择的过程，反而合理许多。"达尔文做出结论后，毅然离开信仰，他发现扬弃神造万物的理论后，拥抱进化的科学观点更容易多了。

艾玛·韦奇伍德

艾玛三十岁时和达尔文结婚，这张肖像绘于婚后两年。她和达尔文的十个孩子中有三名早夭，一般认为可能是近亲通婚的因素。

安妮·达尔文

达尔文钟爱的大女儿安妮，十岁病逝于肺结核，看到她受病痛折磨让达尔文无比悲伤，对信仰完全绝望。

藤壶研究与不能说的秘密

1844 年，达尔文的进化观点已逐渐成形，得到新朋友胡克的支持，让他信心大增。不过，就在这一年的十月，一本讨论进化的书籍《造物遗痕》出版，打乱了他原本出版论文的计划。这本书以匿名发表，一推出便立即造成轰动，缔造超过两万本的销售佳绩。然而书中许多不严谨的科学推论，否定上帝造物的生命观，更受到诸多指责。

此时的达尔文处境相当尴尬。他已经出版了小猎犬号的游记《考察日志》和《小猎犬号之旅》，是受欢迎的作家，有人怀疑他可能是《造物遗痕》一书的幕后撰写者，而他也不想像该书一样，以错谬的动物学导出进化观点而受到抨击，于是，达尔文将进化论的发表搁置一旁，开始研究一种叫作藤壶的小生物。

藤壶拥有石灰质外壳，过去被认为和蚌类一样是软体动物，直到 1830 年，才发现它们属于甲壳纲的节肢动物，是虾和蟹的亲戚。藤壶会分泌一种黏性物质，附着在海洋的坚硬物体表面生长，像是岩石或是船底，经常造成船只行驶速度减慢。1846 年，达尔文观察他从小猎犬号带回来的一箱藤壶标本，发现奇怪的事情：在一个针头大小的藤壶上，还附着一个极小的个体，大的是雌性，小的是雄性。当时普遍认为，藤壶是雌雄同体的生物，这种针头藤壶如此奇特，让达尔文决心开始进行藤壶的研究与分类。

达尔文四处写信，向博物馆、学者、收藏家商借标本，包括他未来的主要对手欧文。这段时间，他也经历了父亲离世、大女儿早夭的伤痛，他的健康状况每下愈况，经常头晕、呕吐到虚脱的地步，和外界联系主要靠

约瑟夫·胡克

约瑟夫·胡克（1817~1911）是英国的植物学家，22 岁时就登上船舰"埃伯勒斯号"，以外科医生和博物学家的身份随船前往南极洲和南方海域探险，采集丰富的动植物标本。1843 年返航后开始与达尔文通信，相似的经历让他们相知相惜，1844 年，达尔文在与胡克的书信往返中透露了进化观点。

罗伯特·钱伯斯

这位博学的出版商人曾匿名撰写《造物遗痕》一书，书中的进化观点在当时引起极大地讨论与争议。有人猜测这本书是达尔文所写，作者的真实身份直到死后才曝光。

书信往返进行。

　　没想到为藤壶命名、分类是个浩大的工程，整整耗费了达尔文八年光阴，他逐渐对这些小东西失去耐心。"我恨死藤壶了，即使是被藤壶拖慢航行速度的水手，也比不上我更讨厌它们。"直到1854年，达尔文终于完成了四巨册的藤壶著作，奠定了他在该领域的权威地位。

雄性生殖器

卵子

藤壶
. . . . . .
　　藤壶的成体固着在物体上，无法自由移动，因此需要有特别长的生殖器官，来完成繁衍后代的任务。它们一般是雌雄同体，体内同时拥有精子和卵子，当一方扮演爸爸的时候，另一方就扮演妈妈。担任雄性角色的藤壶，会从将长长的生殖器官伸出去，努力碰触同伴并使对方受精。

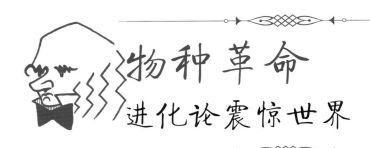

物种革命
进化论震惊世界

托马斯·赫胥黎

赫胥黎（1825～1895）不畏传统权势，是达尔文最热心的支持者。他曾经对达尔文说，"那些会对此狂吠叫嚣的野狗，我将磨锐我的爪喙等着召唤"，因此人们称他为"达尔文的斗犬"。

盟友

藤壶研究终于告一段落之后，达尔文又回头思考物种进化的老问题。针对挚友胡克质疑种子是否真能跨越遥远的海洋、在不同的岛屿开枝散叶，达尔文在家里做了一些实验。

"我发现种子的生命力很强，将种子丢到盐水中浸泡四个月，再丢到干燥的土壤中，还是一样能够发芽；被鸟类吞到肚子里的种子，也可以由粪便排出后落地、生根。"

"养鸽者可以利用人工育种，创造出许多新形态的鸽种，品种间的个体差异很显著，不知情的人一定会以为是完全不同的鸟类。"这时候，达尔文对物种进化更有信心，也乐意和身边信任的人分享研究成果。除了莱尔和胡克两位老朋友外，还有一位新结交的年轻科学家——托马斯·赫胥黎。

赫胥黎的经历和达尔文有些相似，但他不像达尔文出生在显赫的家庭，而是一名倒霉员工的儿子，父亲服务过的学校和银行都以倒闭告终，赫胥黎靠着奖学金和借贷完成了外科医生的训练。为了还债，他加

达尔文的鸽子

育鸽者利用鸽子彼此细微的差异，可以创造出许多新形态的鸽子。

入了英国海军，然后登上"响尾蛇号"，担任随船医生的助手，沿途收集珍禽异兽并发表文章，返国时已成为有名的博物学家，26 岁就入选为皇家学会会员，成为达尔文的同事，也是达尔文最有力的盟友。

达尔文在传记中提到赫胥黎，是这样描述的："他的脑袋快如闪电，锋利如刀，可以犀利地把对手粉碎。他是对我最仁慈的好友，不惜赴汤蹈火。"

至于达尔文的启蒙老师莱尔，虽然他个人主张物种不变，但是莱尔胸襟开阔，乐意接受他人的作品，也鼓励达尔文整理、发表他的进化理论。1856 年，达尔文重新撰写中断 12 年的进化论文，除了早期发现的证据，也加入十几年来的藤壶、种子和鸽子研究，他预想会招致怎样的批评，在著作中都一一给予说明，不到准备万分周全的时候，达尔文不愿轻举妄动。

打破沉默的一封信

就在一切看似顺利的时候，1858 年 6 月 18 日，一封从印尼德纳地岛寄到唐恩庄园的信件，打乱了达尔文的步调。内容大概是这样的：

亲爱的达尔文先生：

我想到一个解释物种起源的理论……自然界中有一条通用法则——野生动物终其一生，都在为生存而竞争，最能适应环境、抵御天敌的物种，它们的种群数量必然增加，而最虚弱与不健全的，注定被大自然淘汰。

信件作者是阿尔弗雷德·华莱士，一位年轻的博物学者兼探险家，随信还附上一篇研究手稿。华莱士花了十年的时间，在亚马孙和东南亚的热带雨林探索，

华莱士

华莱士（1823~1913）寄给达尔文的一篇论文，催生了《物种起源》的出版。尽管世人多半只记得达尔文的名字，华莱士对天择进化论的形成却功不可没。

观察各种动植物生态，提出和达尔文几乎完全相同的进化理论。他将论文寄给达尔文的本意，是想请这位自己敬重的博物学前辈给予提点，并转交给德高望重的莱尔爵士过目。

此时，达尔文陷入进退两难的境地。他早已进行进化研究多年，只是不曾公开，一旦不知情的华莱士发表论文，发现进化观点的就成了别人，自己研究多年的心血将成为抄袭。他仍然遵照华莱士要求，将论文转给了莱尔，同时写了一封求助的信。

"您曾经劝我快点写书发表，不然总有人要抢先的，如今您的话已经实现了。我从没见过如此惊人的巧合，就连他使用的词汇都和我的章节标题一样！因此我的创造，将被粉碎了……"达尔文也许太慌乱，因此忽略了华莱士强调种群间的竞争，和他研究种群内的个体变异，并不完全一样。

三天后，莱尔偕同胡克来到达尔文家，两位头脑清晰的好朋友为他想出了对策。

《马来群岛》

华莱士撰写的书籍《马来群岛》中，记录许多种旅游所见的奇妙生物。

卡尔·林奈

林奈(1707~1778)是瑞典卓越的植物、动物学家，也是现代生物分类学之父，他用生物的基本特征作为依据，为他知道的生物分类和命名，命名皆以拉丁文属名加种名的方式呈现，解决了当时一物多名，或是异物同名的混乱现象。专门研究生物分类的伦敦林奈学会，便是为纪念他的贡献而取名"林奈"。

缺席的发表人

1858 年 6 月 30 日的林奈学会，华莱士和达尔文的论文同时被宣读出来，这是天择进化论第一次公开面对大众，根据时间排序，达尔文完成论文摘要的时间在 1844 年，比华莱士更早。有趣的是，两位作者不约而同地缺席了。达尔文正因为小儿子刚过世而悲伤不已，而华莱士则远在东南亚的热带雨林中，根本还不知情呢！会议之后，达尔文才抱着紧张的心情，写信给华莱士。

亲爱的先生：

今天林奈学会正在宣读您和我的论文。我们远隔千里却能得到这样一个全新的、相近甚至相同的结论，我感到由衷的高兴，我几乎同意您文章中每个字所含的真理。如果有着可钦佩的热情和精力的人应该得到成功的话，您就是那个应该得到成功的人。

今天的会议结束后，我们的论文将同时发表在林奈学会的会刊上，这得感谢莱尔、胡克他们的安排，不知您对这样处理是否满意？

结果，华莱士回了一封高尚而谦卑的信，他尊奉达尔文为进化领域"可敬的师长、宝藏山洞的看守人"，自己不过是个偶然发现宝藏的顽皮牧童，他并将两人共同研究的学说命名为"达尔文主义"。华莱士并没有认为达尔文抢了自己的功劳，反而终其一生，都和达尔文维持非常良好的关系，传为科学史上的佳话。

天择理论并没有在林奈会议上得到太多关注，但是受到刺激的达尔文，努力从丧子之痛中振作起来，

达尔文的进化论

长颈鹿的祖先脖子有的
长、有的短。

较低处的树叶先被吃完
了，脖子短的长颈鹿无
法取得食物。

③
短脖子的长颈鹿遭到淘
汰，长脖子的长颈鹿得
以存活，并留下后代。

    达尔文的进化是以自然选择作为理论核心，认为个体差异有的有利生存、有的不利生存，不利生存的
个体会逐渐遭到淘汰，留下有利生存的个体。和拉马克认为生物可以在活着的时候，因为适应环境而改变，
并将后天获得的特征遗传给后代的理论不同。

《物种起源》

1859年末出版的《物种起源》全称《论借助自然选择方法，即在生存斗争中保存优先物种的物种起源》，书籍自初版以来，达尔文持续增补和修正著作，共出版了六个版本。

将《物种起源》整理送印，内容广泛包含古生物学、生物学和地质学，引证了地球上各种的动植物作实例，事先预想了批评者的论点并加以说明，也将人类的起源问题纳入著作，出版后引起极大轰动，也奠定了达尔文"进化论之父"的地位。

天择、地择与性择

在达尔文的进化论中，"自然选择"可说是整个理论的核心，主要包括"天择"和"地择"，而晚年他又加入了"性择"。

天择主要是从环境、个体差异与适应来探讨。举例来说，森林里本来有一大群颜色不同的蛾，颜色和环境明显不同的，比较容易被天敌发现而被吃掉，剩下来的蛾，颜色就会和树木相当接近，并将这样的外观特征遗传给后代，最后这群蛾就因为适应环境而得到了保护色。

地择是从地理隔离的角度来看物种变异。由于地

孔雀与性择

雄孔雀拥有亮丽的尾羽，打开来像扇子一样光彩夺目，很容易被天敌发现。如此不利生存的身体特征，是为了吸引异性、争取交配权而发展出来的。

球的板块活动，形成新的山脉、峡谷、海洋与陆地，使得原本住在一起的物种彼此隔离，因应当地不同的环境、食物与天敌，而进化出不一样的特征。"科隆群岛雀鸟拥有不同形状的鸟喙，象龟的龟壳形状各自相异，就是最好的例证！"达尔文观察群岛上的生物多样性，归纳出地择理论。

天择和地择的理论可以解释大部分的物种变异，但有些生物雌雄个体差异很大，却让达尔文百思不得其解，就连生物学大师林奈也曾栽了个大跟头：明明是同一种鸭子，只是雌雄外观差异太大，导致林奈将它们归类成两种不同的鸭子。再说，许多雄性的特征对于生存明显不利，像是大声鸣叫、鲜艳的毛色都容易招致天敌，为什么要发展这种吃力不讨好的进化呢？达尔文晚年解释，这是为了吸引异性发展出来的特征。例如，有华丽尾羽的雄孔雀虽然容易被天敌发现，有碍生存，但却能因此得到雌性青睐，获得更大的交配和繁殖后代的机会。

天择、地择、性择比较表

	天择	地择	性择
汰择对象	种群中有差异的个体	来自相同祖先的一个种群	雌雄不同的个体
汰择原因	个体差异、基因突变造成对环境的不同适应	地质变动产生山脉、峡谷等地理环境隔离	雌性对雄性叫声、外观等特征的偏好
汰择结果	拥有适应环境特征的个体，例如长脖子的长颈鹿继续繁衍，不适者遭到淘汰。	原本来自相同祖先的同一个物种，在隔离的环境中各自发展，逐渐进化出不同的亚种。	相同物种的雄性和雌性外观上可能差异悬殊，雄性通常毛色更亮丽、叫声更响亮。

塞缪尔·威伯福士

维护传统创造论的牛津大主教威伯福士（1805~1873），与支持达尔文进化论的托马斯·赫胥黎在牛津大辩论上演激烈的言辞交锋。

猩猩 vs. 主教

1859 年 11 月，伦敦正刮着大风雪，达尔文的《物种起源》正式出版了。初印的 1250 本在上市当日就被一扫而空，隔年一月又加印了 3000 本。在英国人逐渐熟悉达尔文的进化论之际，进化论和神学的争论也逐渐发酵。

1860 年 6 月 30 日，在当时全世界最具规模的科学会议——英国科学促进会在牛津大学举行的年度聚会上，终于爆发了传统信仰和进化论的正面冲突。

"达尔文的进化论纯属臆测，没有提出任何天择的证据！"德高望重的牛津大主教塞缪尔·威伯福士当着上千名观众的面前宣称，"这是科学的错误，是令上帝创世的荣耀失色的错误！"说完后还不忘调侃达尔文的支持者赫胥黎，"赫胥黎先生，请问你的猩猩亲戚是祖父还是祖母那边的呢？"

赫胥黎可不是省油的灯，他言辞犀利地回击："好吧！如果你问我，要选一只可怜的猩猩当作祖父，还是要选一位位高权重，却只懂得以冷嘲热讽的方式干扰科学讨论的人，那我宁愿选择那只猩猩！"有一位会众听到这番"大逆不道"的话，竟当场昏倒了！赫胥黎和威伯福士的辩论已成为经典，恰好反映了宗教和进化论在人类起源议题上的冲突。

这场"牛津大辩论"是谁赢了呢？两种观点的支持者都宣称赢得了胜利，然而没有人确切知道那天在牛津大学自然史博物馆的讲座大厅中，到底发生了什么事，这场辩论于是成了著名的罗生门。

"要是我在那样的场合反驳主教，恐怕已经一命呜呼了。"刚满 50 岁的达尔文写信对当时也在场的胡

达尔文认为人和猩猩有相同的祖先，否认圣经对于上帝造人的观点，许多批评者以为亵渎上帝，并画了达尔文"人头猿身"的讽刺图像。

克说。身体状况欠佳的达尔文此时只能过着深居简出的隐士生活，由他忠心的支持者在外为进化论奋战。

我们从哪里来？

人类是从哪里来的呢？"对这个充满偏见的问题，我可能会避而不谈，但我必须承认，这是博物学家最感兴趣、最终极的问题。"达尔文在《物种起源》出版前两年这么对华莱士说。他在《物种起源》中对人类起源的叙述的确很保守，顶多只是说明"为人类的起源和历史多添一些见解"，但人们仍不免会关注进化是否适用于人类，引发许多"人类是不是猴子的后代""人类和猩猩的差别"等争论。

在当时科学界逐渐习惯讨论人类起源的各种可能性后，达尔文终于改变初衷，于 1871 年出版了《人类的由来》说明他对人类进化的看法。

在这本内容庞杂的书中，达尔文分别就人类的身体和人类的心智情感两部分，提出他对人类进化的看法。他发现，人类的身体不论在解剖学或胚胎学上，都与其他动物相似，并且存在着类似猴子的痕迹特征。例如人类的尾骨，可能暗示着人类的祖先也有和动物相似的尾巴。

"即使人类的身体是进化而来的，那人类高贵的心智和情感又该怎么解释呢？"面对其他人的质疑，

人类与性择

达尔文在《人类的由来》中，也讨论到人类不同性别和种族的外观差异。他首先花费数百页篇幅，叙述孔雀等动物的"性择"过程，并将这个过程套用在人类的外观差异上。例如他认为，由于非洲人在挑选伴侣时，偏爱肤色较深、鼻子较宽扁的类型，因此更有机会生下相同特征的孩子，久而久之，所有的非洲人便成为我们所见到的样貌。然而我们现在知道非洲人之所以肤色较深，是因为他们生活在日照强烈的地区，皮肤含有较多可抵御紫外线的黑色素所致。

达尔文认为动物和人类都有心智的力量和感受的能力，只是人类的程度比较高。你看，这只正在享受同伴抓背"服务"的猕猴，表情多么陶醉呀！

达尔文认为动物和人类都有心智的力量和感受的能力，只是人类的程度比较高。他以狗与猴子等"高等动物"和火地岛与澳洲原住民等"低等野蛮人"做对照，认为人类自诩的推理能力、自我意识、宗教献身、爱的能力及语言能力等，在动物的身上也可看出端倪。

"狗在追猎的过程中获得许多乐趣，不也是拥有自我意识吗？相对地，澳洲的野蛮人会思考他们自身存在的意义吗？"达尔文推论，"动物具有语言能力也不是全然不可能的，某些特别聪明的猿猴，也会模仿掠食者的咆哮声来警告它的同伴，这可能是形成语言的第一步！"达尔文以这些例子，强化了他认为人是由动物进化而来的论点。

《人类的由来》并不如《物种起源》般震撼人心，即使是达尔文的忠实支持者华莱士、莱尔或赫胥黎，也都没有因为这本书而改变他们对于人类起源的想法，但无论如何，达尔文终于公开提出他对人类进化的看法。从此，人类再也无法单纯地以"人类是上帝特别创造的"等过去观点来思考自身或是其他人了。

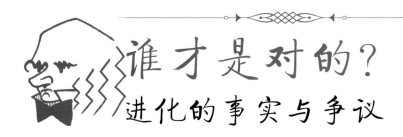

谁才是对的？
进化的事实与争议

地球的年龄

在达尔文提出进化论之际，人们仍然无法鉴定化石及地质的确切年代，因此不免会质疑，"地球的年龄足够让物种进化吗？"其中最让达尔文耿耿于怀的，便是物理学家开尔文爵士的"年轻地球说"。

本名威廉·汤姆逊的开尔文爵士，在《物种起源》出版时就已经是一位赫赫有名的热力学物理学家。他认为地球是由一些迷你行星撞击而形成，在撞击时产生的能量形成地心的一团充满热能的熔岩（后来证实

地球到底有多老呢？一层层地层的堆积，好像要花许多年才能完成，但这段时间是多久？1亿年够吗？

这项推论无误）。"一旦地球的撞击结束，就不可能再有新的热能产生，因此地球会慢慢冷却，最后地心将会和现在的地表一样冷。"开尔文进一步测量岩石失温的速度来推论整个地球冷却的速度，最后得到一个不利于进化论的结果："地球形成的时间不到一亿年！"

开尔文爵士在读完《物种起源》以后，立刻以这个计算结果攻击达尔文的进化论，"地球形成的时间这么短，根本不够让生物进化！"

达尔文对此相当头痛，他曾经对朋友说"汤姆逊爵士计算出如此短暂的世界历史，让我十分不安。"但是同时，开尔文爵士又不断地修正他的计算结果，把地球的年龄越缩越短，最后甚至只剩下两千万年。没办法证明地球年龄的达尔文，只能无奈地对朋友抱怨，"汤姆逊爵士真是一位可恨又可怕的幽灵。"

开尔文爵士当时仍不知道，地球其实埋藏了会持续释放热能的放射性元素，如铀、钍及镁等，这些放射性元素会在"衰变"的过程中释放热能，让地球可以持续保温很久的时间。在十八世纪末的物理学家逐渐认识这类放射性元素后，也逐渐意识到开尔文年轻地球说的错误。

直到 1904 年，开尔文爵士的年轻地球说才被一位年轻的物理学家欧尼斯特·拉塞福打破。拉塞福曾计算出许多放射性的基本法则，因此获得诺贝尔化学奖。他曾谈到自己公开演讲时，遇到开尔文爵士的情形，"我走进光线阴暗的房间时，忽然看到老开尔文爵士坐在听众席间，我心想糟糕了，等一下谈到地球年龄时，看法会和他的观点抵触，幸好开尔文看起来好像睡着了。"当时年迈的开尔文爵士已经 80 多岁了。

开尔文

英国物理学家开尔文爵士（1824~1907）本名威廉·汤姆逊，是热力学温标（绝对温标）的发明人。

欧尼斯特·拉塞福

拉塞福（1871~1937）首先提出放射性半衰期的概念。

居里夫妇

十八世纪末的物理学家逐渐认识放射性元素，如居里夫妇发现放射性元素镭在衰变时会释放出热能，有助于证实地球的年纪比开尔文爵士想象的更为古老。

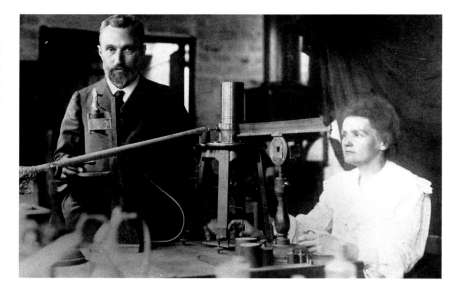

"但是当我讲到重要的地方时，这位老家伙突然坐直，睁开眼睛憎恶地瞥向我！"拉塞福心有余悸地说，"这时我灵机一动，说开尔文爵士是在假设没有发现新热源的情况下，计算地球的年代，感谢他的先见之明，我们今天才能在这里谈论放射性元素这个主

放射性测定年代

借由岩石中的放射性元素，可以精确地断定岩石的年代。每一种放射性元素在放射的过程中，会以不变的速率在衰变，也就是变成另一种元素。例如铀238会衰变成钍234，钍234会再衰变成镤234等，若岩石越古老，所含的镤也越多，而且这些元素有固定的衰变速度。如铀238衰变到仅剩一半，约需44亿7000万年，称为铀的"半衰期"。地质学家借由测量地球上最古老的岩石、月岩及陨石内的放射性元素比例来估算地球年纪，测得地球约有45亿年的历史。

题！这时老家伙立刻对我眉开眼笑。"

在拉塞福知道可以利用测量放射性元素的衰变过程来鉴定地层年龄后，后人根据他的方法，终于得知地球的年龄大约有 45 亿年，足够让生物进化成今天的样子。

格雷戈尔·孟德尔

孟德尔 (1822~1884) 进行了八年的豌豆杂交实验，得出遗传特征由显性基因决定，以及基因的分离和自由组合定律。

遗传学说悄悄来到

尽管证明了地球年纪够老，足以让物种进化到今天的面貌，达尔文的进化论还面临着其他的困难。当时遗传的科学理论还没有确立，达尔文对于基因突变的说法也只是臆测。

1857 年，一位奥地利的修道士孟德尔 (1822~1884) 正在他的菜园里从事豌豆杂交的实验。孟德尔虽然未曾和达尔文谋面，但豌豆实验得出的结果，却对天择进化论产生意想不到的支持作用。

"绿色豆荚豌豆和黄色豆荚豌豆互相交配，得到

的后代竟然全部都是绿色豆荚的，而不是一半绿色、一半黄色，也不是黄绿的中间颜色。"孟德尔让菜园里的绿色豆荚豌豆和黄色豆荚豌豆交互授粉，发现第二代的豌豆都是绿色豆荚的，黄色豆荚居然全部消失了！他继续让这些混种绿色豆荚豌豆相互授粉，结果第三代子代中，竟然又出现一些黄色豆荚豌豆，绿色豆荚与黄色豆荚的比例大约是 3 ：1。他继续实验，每次结果都差不多，为什么会这样呢？

原来，遗传特征有显性和隐性两种，假设显性特征为 R，隐性特征为 r，纯种绿色豆荚豌豆的基因为 RR，纯种黄色豆荚豌豆的基因为 rr，两者交互授粉得到的第二代基因为 Rr 或 rR，因为含有一个显性基因 R，因此只表现为绿色的。而混种的子代再度杂交后，第三代可能产生 RR、Rr、rR 或 rr 的基因，只有完全不含显性基因的 rr 会表现出黄色豆荚。

许多达尔文的批评者认为，亲代特征会以均等、混合的方式遗传给后代，因此质疑即使部分个体发生了变异，经过几代的遗传，这些变异就会被其他个体混合而消失。孟德尔的实验证明，遗传特征不会混杂，而是以整体方式获得。

此外，今天我们明白，后天产生的改变无法遗传给下一代，但在达尔文的晚年，有不少人拥护拉马克的用进废退说，认为比达尔文的自然选择更能解释一些现象。针对这一点，德国动物学家魏斯曼做了一个实验：他切除老鼠的尾巴，再让没有尾巴的老鼠繁殖，发现产下的第二代老鼠的尾巴长度并没有改变，他连续做了十九代老鼠的实验，最后宣布，生物在生活影响下产生的"体质"改变无法传递给后代。因此，拉马克的理论在遗传学上站不住脚。

奥古斯特·魏斯曼

魏斯曼（1834~1914）认为生物特征由体质和种质两个部分构成，种质可以决定遗传性状，而体质是后天环境造成的，并不能遗传给下一代。

豌豆实验

孟德尔的豌豆杂交实验，发现亲代体内拥有成对的、可独立决定遗传特征显隐性基因，它们在杂交的过程中会分开，重新进行组合。

图1中，一株含有两种性状（豆荚颜色、豆荚饱满或干瘪）显隐性基因的豌豆，会先经过复制之后，将这些基因"自由分配"，也就是说 R 分别可以与 Y 和 y 组点，r 也分别可以与 Y 或 y 组合，因而再经过一次分裂之后，就会形成 RY、Ry、rY、ry 四种配子（精子或卵子）。

如果我们将图 1 中显示的豌豆杂交，则可以得到图 2 的结果。我们可以用门德尔棋盘方格法表示。由图表中可以看出，绿色或黄色的表现性状并不会受它饱满或干瘪影响，因为它们的基因是分别独立；反过来，饱满或干瘪的表现性状，也不会受到豌豆豆荚的颜色影响。最后统计出来，绿色饱满豆荚、绿色干瘪豆荚、黄色饱满豆荚、黄色干瘪豆荚的比例分别是 9：3：3：1。

① 减数分裂（形成配子）

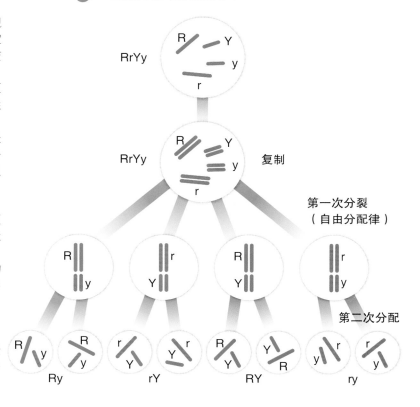

RrYy

RrYy

复制

第一次分裂
（自由分配律）

第二次分配

Ry rY RY ry

②

	Ry	rY	RY	ry
Ry	RRyy	RrYy	RRYy	Rryy
rY	RrYy	rrYY	RrYY	rrYy
RY	RRYy	RrYY	RRYY	RrYy
ry	Rryy	rrYy	RrYy	rryy

R   r   Y   y

55   谁才是对的？

进化的证据

　　尽管我们看不到地球上已经灭绝的古老物种，但埋藏在地底层下的生物骨骼、牙齿等身体坚硬部分，经过漫长时间所形成的化石，却可以帮助我们重建过去曾经存活在地球上的生命样貌。"如果生物是由进化形成的，那么，在古老生物和现今生物之间，应该会存在连续而渐进的变化关系吧！可是，为什么没有看到所谓中间形态的生物化石呢？"

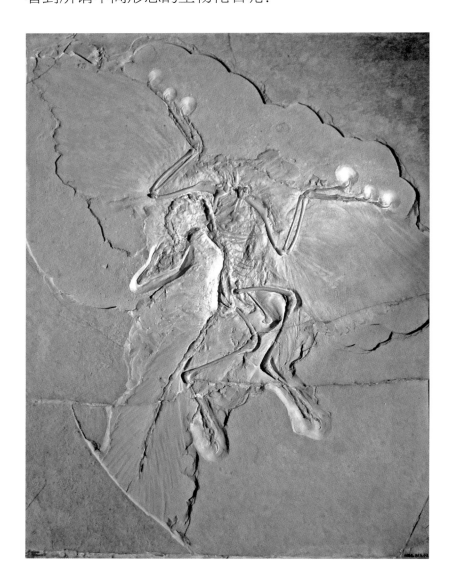

始祖鸟化石

　　1877 年出土的始祖鸟化石保留了相当完整的骨骼和牙齿，被德国工业家出资以两万马克买下，保存在柏林的洪堡博物馆，称为"柏林标本"。

56

　　马修将出土的马化石绘制成阶梯式的进化图，其中最早的始新马出现在5800万年前、前肢有四趾，往后分别为渐新马、中新马、和现代马。随着各地出土的马化石不断增加，马的进化观也从直线进化，朝向树状进化的概念发展。

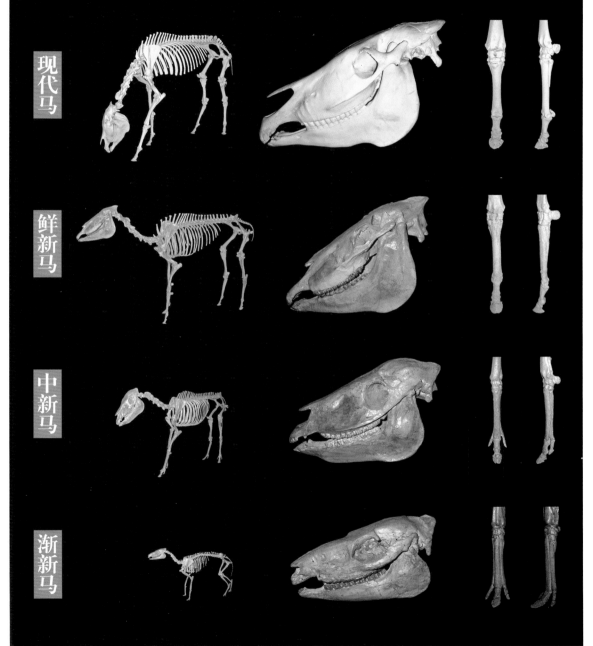

现代马

鲜新马

中新马

渐新马

鱼石螈

生物学家根据鱼石螈化石特征，模拟出它们当时的样貌。

1859 年《物种起源》发表时，相关的化石证据还很缺乏，当时他只能以活的生物做类比，例如，能够滑翔的鼯猴，可能是从一般哺乳动物过渡到飞行蝙蝠的中间形态。但是达尔文的运气非常不错，就在两年后的 1861 年，始祖鸟的化石在德国出土了。

"始祖鸟像鸟类一样全身披着羽毛、长有翅膀，但却没有坚硬的鸟喙，而且嘴里有牙、前肢有爪、尾巴很长，兼具许多爬虫类的特征。"赫胥黎指出，始祖鸟正是爬虫类过渡到鸟类的居间型动物。

马的化石也被认为提供生物进化的有力证据。19 世纪 70 年代，一系列马的化石在北美与欧陆被挖掘出来，当时美国古生物学家马修和赫胥黎合作绘制出马的进化图，指出最早的马体型只有狗那么大，前肢有四趾，往后一直朝着体型变大、前肢单趾的方向进化。随着化石出土增加，这样的进化图被认为过于简化，而且会误导进化是有方向的直线前进。事实上，马的进化是呈现树状发展，而现代马则只是其中一个分支。

1929 年，瑞典地质学家在距今约三亿六千年前的上泥盆纪地层中，发现了一种生物化石，看起来就像"长着四条腿的鱼"，这种动物被称为"鱼石螈"，是最早登陆的脊椎动物，也是鱼类进化为两栖类的关键物种。鱼石螈的仍保留鱼类的特征，包括尾部边缘的一小块背鳍，以及身上的许多小鳞片。但它们拥有四肢，没有鳃，鳍条退化，看起来已经能在陆地爬行，并且用肺呼吸，更接近两栖类的构造。

寒武纪大爆发

达尔文认为，物种进化是环境淘汰、选择的结果，是随机、缓慢而渐进的，不会发生跳跃式的变化。但是在生物史上，却曾经发生过物种急速增加的"寒武纪大爆发"，以及90%以上物种大举消失的大灭绝事件，明显不符合渐进进化机制，使达尔文受到严重挑战。

估计在距今38亿年前，地球上首次出现了生命，而人们发现最早的生物化石，则是35亿年前的蓝绿藻。此后漫长的三十亿年间，地球的生命舞台一直非常单调而无聊，以菌类等单细胞生物为主。然而，大约5亿多

澳大利亚的叠层石

海洋中的蓝绿藻进行光合作用，产生了大量氧气释放于大气层中，改变了大气的成分。澳大利亚西部海岸的叠层石，就是远古时期的蓝绿藻遗留下来的化石。

三叶虫

三叶虫最早出现在寒武纪，三叶虫有眼睛和可能用来感觉的触角。一些学者认为，感觉器官的出现让生物察觉彼此存在，发展出掠食与被掠食的关系，可能和寒武纪大爆发有关。

年前，地球突然变得热闹又拥挤，短短几百万年之间，几乎所有动物的"门"都在这时候出现了。"这件事我到现在为止都没办法解释，所以，或许有些人刚好就可以用这个案例，来驳斥我的进化观点。"达尔文承认，寒武纪大爆发是进化极大的缺口。

基督教徒用创造论填补这个缺口，而今天的生物学家，对寒武纪大爆发有几种解释。"生物需要氧气进行呼吸，在寒武纪之前含氧量缺乏，因此生命繁衍受到遏制。"有学者认为，寒武纪大爆发是由于地球含氧量增加，营造对生命有利的环境。

"第一种掠食性动物出现之后，改变了生态系统，其他动物为了保护自己避免被吃掉，进化出更敏锐的感觉器官和防御性构造。"另一种说法，是一旦掠食性动物进化出来，使得物种因应竞争而急遽转型，产生各种防御和攻击机制，因此点燃了"爆炸引信"。

	第四纪	新生代
	第三纪	
	白垩纪	中生代
	侏罗纪	
	三叠纪	
	二叠纪	
	石炭纪	古生代
	泥盆纪	
	志留纪	
	奥陶纪	
	寒武纪	
	前寒武纪	5亿4200万年前

大灭绝之谜

　　达尔文笃信莱尔均变说，认为居维叶的灾变说是过时的观念。但是在他身后挖掘出大量的化石，却都指向地球生物确实曾经过几次灾难式的群体灭绝，而距离我们最近、也是人们最熟悉的一次，就是六千五百万年前的第五次灭绝。这次灭绝造成恐龙和其他 70% 的生物集体消失，而原本居于弱势的哺乳动物则取代恐龙称霸地球。

　　恐龙为什么会灭绝呢？ 20 世纪 70 年代，科学家在白垩纪末期的岩层内，检测出大量的铱元素，这种元素的密度很高，大部分只存在地心或太空陨石中，那么，为什么地壳会含有如此高含量的铱？

　　科学家翻阅地质资料，发现 20 世纪 50 年代在墨西哥犹加敦半岛海外探测到的巨大半圆形痕迹，可以

美国科罗拉多大峡谷

　　由科罗拉多河切穿的大峡谷，层层叠叠的岩层刻画着地球的岁月，最下层的岩石可追溯至 20 亿年前，整个大峡谷就像是一本记录地球时间的活页簿。

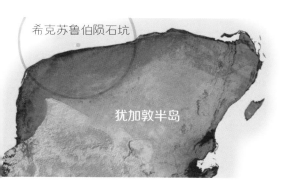

希克苏鲁伯陨石坑

犹加敦半岛

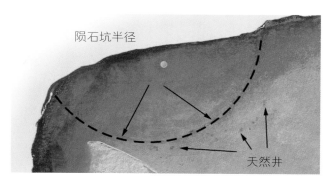

陨石坑半径

天然井

提供重要线索。"地球遭到直径超过 100 哩的小行星撞击，因此在地表留下了大量的铱，剧烈的冲击也引发海啸、地震和猛烈的火山爆发，造成气候和空气品质改变，导致恐龙灭绝。"证据显示，小行星撞击地球引发一连串灾难，应是恐龙快速消亡的主凶。

但那还不是规模最大的一次集体灭绝。自从寒武纪大爆发以来，地质记录了五次大灭绝事件，分别在奥陶纪末期、泥盆纪末期、二叠纪末期、三叠纪末期和白垩纪末期。其中最严重的，是距今两亿五千万年前的二叠纪到三叠纪之间，当时地球上 90% 的生物一举消失！

在南非卡鲁沙漠一个河谷的岩层里，记录着当时的变化：橄榄绿的岩层原本充斥植物和四足动物化石，包含哺乳动物的爬虫类祖先"单弓类"。随着岩层逐渐转红又变紫，生物化石也越来越少，在二叠纪的最后一个岩层，已经找不到任何生命迹象，大地仿佛一片死寂，几乎所有生物都消失了！

大灭绝的现象似乎显示，除了平稳、温和、渐进的均变说，灾变现象也占有一席之地。在漫长的岁月里，生物通常是渐次性的个别消失，但是每隔数千万年，就会有毁灭性的灾难横扫地球。甚至许多科学家根据今天物种急速灭绝的脚步，推断人类正步入"第六次大灭绝"的阶段！

达尔文的影响
改变世界的进化论

适者生存的时代

在《物种起源》出版之前，19 世纪的英国人已经普遍接受人与人之间的竞争对整体社会有利的说法。早在 1851 年，也就是《物种起源》的出版前 8 年，颇有声望的英国哲学家斯宾塞在他的著作《社会静力学》中就描绘了社会中"适者生存"的形式，认为人类社会会不断淘汰不适应的个体。

随着达尔文《物种起源》的出版，斯宾塞更将达尔文的天择理论套用到社会上，甚至主张政府不应该帮助那些生活困顿的"不适者"。"我说啊，你们不要再为下层社会的人辩护了！"斯宾塞说，"相对于那些设法让生活过得更有价值的人来说，这些不想工作的人简直是一无是处！"他积极地督促政府停止公共健康及福利计划等，在他的心中，这些政策会让不适应社会的人增加，拖累并伤害整个人类社会。唯有让他们自生自灭，社会的淘汰机制才可以更顺利地进行，促使人类进化出更高的智慧。

19 世纪后期的美国工业大富豪，也迅速地将斯宾塞的理论奉为圭臬。"我们就是这个社会的适者！"

赫伯特·斯宾塞

斯宾塞（1820~1903）是社会达尔文主义的代表人物。社会达尔文主义利用《物种起源》作为其科学依据，然而在许多方面却滥用达尔文的本意。达尔文曾经告诉斯宾塞，"我仅是站在博物学家的角度提出理论的"，表达他不涉足社会的科学立场。

他们积极地将"天择"及"适者生存"的论调套用到社会环境中，合理化他们巨额的财富和独占企业。

达尔文的进化论可以说是被这些政治家及企业家利用了，其实达尔文的天择只发生在大自然中。此外，他也未曾主张过强者不应该帮助弱小，相反地，他认为人类的道德感也是进化和适应的结果，由此，人与人之间的合作与帮助，才是人类之所以能够进化至今的关键。

优生学的兴盛

"适者多生小孩，不适者少生小孩"，在社会达尔文主义的风气之下，"优生学"的概念也逐渐占据人心。优生学一词是达尔文的表弟高尔顿根据希腊文所创，原意为"生好的"。他在 1869 年出版的《遗传天才》中说道，"如果婚姻中结合了那些拥有最好、最适宜的本性、心智、道德和体质的人们，会带来多么特殊的效果啊！"他认为应该鼓励适应社会的精英结婚生子，"如果我们拿改良牛马心力的二十分之一来改良人类，谁知道我们会不会创造出一群显赫的天才！"这样的主张称为"积极优生学"，相对于"消极优生学"，比较重视繁殖适者的后代。

"消极优生学"则是主张社会应该阻止较弱或残障人士等不适者生育，减少他们的后代，方法包括绝育措施或性别隔离。二十世纪初期的英、法、德、美等国家都曾经有系统性地实施相关政策。这些优生学者首先要做的，便是鉴别出那些不应该生育的人，于是智力测验开始流行于各国，一旦被测得心智年龄不足，就会被冠上当时发明的新词"低能"，被施行绝育或隔离手段。

"资本皇帝"洛克菲勒

美国资本家洛克菲勒在 1870 年创立了标准石油公司，曾垄断美国 90% 的石油市场。他曾公开地以适者生存合理化他的独占企业。

恩斯特·海克尔

"政治就是应用生物学"是海克尔（1834~1919）的名言，他以生物学为基础发展他充满歧视的种族主张，燃起德国在一战及二战的野心。

除了心智上的不足龄外，罪犯以及先天癫痫、失明等残缺或畸形的人，也都被挑选出来作为限制生育的对象。其中以德国执行得最为彻底，凡是先天低能、精神分裂、躁郁、体质残缺或畸形、遗传性癫痫、失明、失聪或酗酒的人，都必须强制绝育。

种族主义如日中天

有些社会达尔文主义者则走向"种族主义"，认为有些人种就是比其他人种还要高级。德国博物学者海克尔主张，人类是一切进化的巅峰产物，而且还会继续往高处进化。他同时也认为某些人已经比其他人进步到更高处的位置，并将人类分成 12 个种族，从低等的非洲人及新几内亚人到最高等的欧洲人依序排列。在欧洲人之中，他又认为他的同胞，也就是德国的日耳曼人排名第一。

海克尔曾说，"将文明传到全球各地，并且为新

十二"种"人类

海克尔的《创世自然史》十分畅销，其中这幅插图描绘了各种猿猴和人种的外形，认为从外形便可以观察出进化程度的高低。外形和猿猴相似度越高的人种，进化程度就越低。若我们以现代生物学的观点来看海克尔的人种分类方法，会发现观点并不正确。

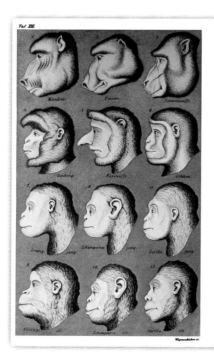
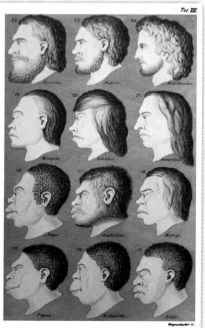

时代更崇高的心智文化打下基础的，便是生活在西北欧及北美洲的日耳曼人种。"他进一步鼓吹以强壮、统一的德国来主导世界的发展，这样的想法后来煽起了德国的军国主义，导致了世界大战和史无前例的纳粹大屠杀。

从 20 世纪 20 年代开始，大众与专家对优生学和社会达尔文主义逐渐失去好感。在一战期间，美国政府曾对军人进行智力测验，测验成绩令人担忧，然而最后有许多成绩很差的军人，在战场上的表现却相当不错，让人逐渐相信智力成绩不理想的人在平时也能表现良好。具有新观念的科学家，也开始质疑优生学和社会达尔文主义背后的假设太过粗劣。到了二十世纪中期，科学家普遍承认人类的基因太过复杂，无法简单地以限制生育来控制，并承认后天的"教养"也可以用来解释人类的行为。优生学和社会达尔文主义逐渐成为被嘲弄的对象，不复往日的风光。

不一样的树状图

当时许多社会达尔文主义者都认同这幅海克尔所绘制的"生命之树"，主张人类在所有物种之中处于最顶端、最进步的位置，并认为日耳曼人是进化到最高阶的人种。而达尔文《物种起源》中唯一的插图显示，进化应是呈分叉状，而且并不蕴含进步的想法，因此，人类只是众多生物的其中一支，而并不是单一的长分支中最末端、最进步的角色。

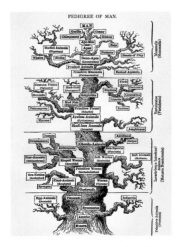

海克尔所绘制的"生命之树"

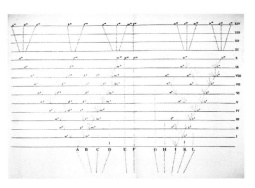

达尔文的进化观点呈分叉状

严复

严复（1854~1921），字几道，福建侯官人。严复有系统地将西方社会学、政治学、政治经济学、哲学和自然科学介绍到中国。他提出的"信、达、雅"翻译标准，对后世翻译工作影响深远。

《天演论》

《天演论》翻译自赫胥黎的《进化论与伦理学》。然而严复并没有全部翻译，而且除了译文之外，还加入了许多自己或其他学者的见解。

进化论在中国

1894 年，中国和日本爆发甲午战争，最后清朝政府战败，和日本签订《马关条约》以终止交战。条约内容除了将辽东半岛、台湾及澎湖列岛割让给日本，还要赔偿 2 亿两白银，造成清朝政府巨大的损失，也象征着中国自鸦片战争以来试图推行的"洋务运动"正式失败。

甲午战争的结果，让中国知识分子十分痛心。曾经在英国皇家海军学院留学的严复从 1895 年开始便陆续发表文章，向国人介绍达尔文的进化论及斯宾塞的"适者生存"等理论，并在 1897 年出版了译自赫胥黎原名《进化论与伦理学》的《天演论》，宣传国人须"自强保种"以避免"亡国"和"灭种"的危机。

"天演论出版之后，不上几年，便风行到全国。"从胡适的这番话，可以看到在当时中国的民族危机下，《天演论》受到重视的程度，"天演""物竞""天择""适者生存"等新潮的名词，也迅速成为知识分子的"口头禅"，甚至成为学校教材。

从甲午战争结束到 20 世纪 30 年代间，中国知识分子深受《天演论》的影响，以"救亡图存"作为努力的目标，成为当时中国民族主义、爱国主义的核心理念。严复根据斯宾塞的说法，认为想要在"优胜劣败"的竞争中生存，最关键的便是以教育提升民德、民智与民力。

由于严复在译著时融入了自己的意见，多数读者只对《天演论》中的"物竞天择"、"适者生存"、"自强保种"等观念比较熟悉，并认为竞争与灭亡的结果和人为的努力与否有关，而不是借由大自然的"选择"来决定，这恐怕是达尔文始料未及的。

最强 VS. 最弱

霸王龙是史上最强的肉食性动物，但仍不敌环境的改变而灭绝，较弱小的哺乳类反而能延续至今。

对达尔文的误解

达尔文的进化论对世界产生了巨大的改变，然而，一些观念竟是建立在对进化论的误解上，包括①强壮的物种较有机会延续后代，虚弱的物种则容易绝种；②进化一定是越来越进步的；③人类是由猴子变成的；以及；④人类是最优秀的物种等。现在让我们来看看达尔文的原始概念吧！

①强壮的物种较有机会延续后代，虚弱的物种则容易绝种吗？达尔文的物竞天择，是以生物是否恰好

鸵鸟的翅膀逐渐退化，失去飞行能力也是进化的一种。

适合在当时的环境中生存为基准，而与生物本身的强弱没有关系。例如霸王龙堪称史上最强的肉食性动物，但最后仍然因为不适应新环境而绝种了，当时较弱小的哺乳类却能够适应并延续后代。

②进化一定是越来越进步的吗？这个说法比较接近拉马克的观点，达尔文则强调生物的进化同时包含"进步"和"退步"的可能性。例如鸵鸟的祖先曾经像其他鸟类一样，能在空中翱翔，然而却随着时间逐渐失去飞行能力，这种翅膀退化的过程也称作"进化"。

我们是猩猩的后代吗？

我们常见的进化示意图容易让人误解人类是由猴子般的动物变成，然而根据达尔文的理论，人和其他灵长类是由同一个祖先进化成不同的物种才对（如 71 页图）。

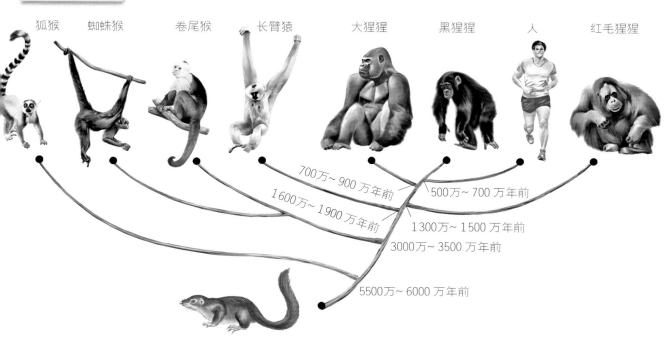

共同祖先

狐猴　蜘蛛猴　卷尾猴　长臂猿　大猩猩　黑猩猩　人　红毛猩猩

700万～900万年前
500万～700万年前
1600万～1900万年前
1300万～1500万年前
3000万～3500万年前
5500万～6000万年前

③人类是由猴子变成的吗？严格来说，这样的说法并不正确，而应该说"人类和猴子及猩猩等灵长类，都是由同一个祖先进化而来"。我们常见的进化示意图是从左边如猩猩般的动物，逐渐进化为最右边的人类，然而这张图却容易让人误解人类是由猴子般的动物变成。根据达尔文的分支理论，人、猿猴和猩猩等灵长类，应该是由同一个祖先开始，进化成树状图上的不同分支。

④人类是最优秀的物种吗？其实物种并没有优劣之分，人类也只是从肉食性动物的猎物进化而来的物种之一。也正是在被肉食性动物吃掉等压力之下，人类才有可能为了生存而团结合作，发展出工具及语言，试图以智取胜，形成现代文明的开端。

灵长类的共同祖先

人类并不是由猴子或猩猩变成的，而是有着共同的祖先，可能长得像松鼠大小的树鼩。

进化论的发展

达尔文62岁时，摄于1871年。

达尔文在1859年出版《物种起源》后，虽然书籍畅销，但他的理论并未受到所有人的认同，仍然招致了许多无情的批判与攻讦。达尔文却没有退缩，一次次的辩证，使他更肯定自己的论点：

1. 世界持续稳定地改变，而生物也随着时间进化。

2. 所有生物（不论动物、植物、微生物）都来自共同祖先。

3. 由于地理隔离，使被孤立的起始族群逐渐进化为新种，使得物种增加。

4. 进化是族群逐渐的改变。

5. 个体间具有许多遗传变异，只有最适合于环境的个体能够存活，并将此遗传性传递给子代（即天择说）。

在达尔文晚年，拉马克的学说是生物进化理论的主流，达尔文的进化论反而被孟德尔的遗传理论掩盖，没有受到应有的重视。但随着慢慢出土的化石证据，达尔文的进化论在科学上可以对生物多样性，进行一致且合理的解释，所以在20世纪40年代后，成为现代生物学的基础。

1947年，进化论中的天择理论，加上孟德尔的遗传定律，被学者们结合为现今大众所熟知的"现代达尔文主义"，也称为"现代进化综论"，这是目前生物进化学的主要思想，包含了多种学科的观点：进化是渐进的，自然选择是目前为止主要导致变异的因素，影响物种在其生境中的表型，而且自然群体的遗传多样性是进化的重要因子。

　　时至今日，达尔文主义已是"显学"，不仅在生物学上，连在哲学、政治学、社会学的学术研究中，也会引用进化论的原理，强化自己的理论基础。在基因定序的方法出现后，快速推动了生物学的研究，达尔文"进化树"的概念——各种物种之间可能有的亲缘关系——也被生物种系的发展研究大量引用，现在各种生物研究实验室里，必定有该生物的谱系图，就是达尔文进化论对于生物学的伟大成就。

爬虫动物种系图

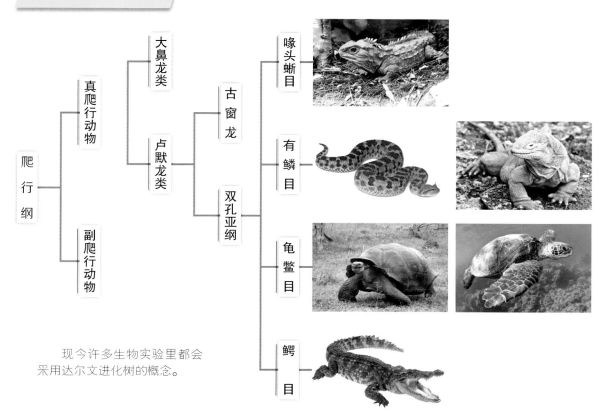

现今许多生物实验里都会采用达尔文进化树的概念。

小猎犬号的航行地图

达尔文雀

海豚

大乌贼

科隆群岛

南美洲

美洲小鸵

弱翅鸬鹚

巨兽化石

蓝脚鲣鸟

帝企鹅

象龟

军舰鸟

海鬣蜥

欧洲

非洲

毛利人

椰子蟹

园丁鸟

澳大利亚

新西兰

蓝鲸

美国古生物学家马修和赫胥黎

一系列马的化石在北美与欧陆被挖掘出来。马修和赫胥黎合作绘制出马的进化图，指出最早的马体型只有狗那么大，前肢有四趾，往后一直朝着体型变大、前肢单趾的方向进化。随着化石出土增加，这样的进化图被认为过于简化，而且会误导进化是有方向的直线前进。

《天演论》，严复

鼓吹国人须"自强保种"以避免"亡国"和"灭种"的危机。

奥古斯特·魏斯曼

魏斯曼认为生物特征由体质和种质两个部分构成，种质可以决定遗传性状，而体质是后天环境造成的，并不能遗传给下一代。

欧尼斯特·拉瑟福德

拉瑟福德知道可以利用测量放射性元素的衰变过程来鉴定地层年龄后，后人根据他的方法，终于得知地球的年龄大约有45亿年，足够让生物进化成今天的样子。

"种族主义"

《创世自然史》，恩斯特·海克尔

海克尔主张，人类是一切进化的巅峰产物，而且还会继续往高处进化。他将人类分成12个种族，从低等的非洲人及新几内亚人到最高等的欧洲人。

| 1871年 | 1870年代 | 1897年 | 20世纪初期 | 20世纪20年代 | 1947年 |

《人类的由来》
达尔文

人类的身体不论在解剖学或胚胎学上，都与其他动物相似，并且存在着类似猴子的痕迹特征。例如人类的尾骨，可能暗示着人类的祖先也有和动物相似的尾巴。

"消极优生学"

主张社会应该阻止较弱或残障人士等不适者生育，减少他们的后代，方法包括绝育措施或性别隔离。

"现代达尔文主义"（现代进化综论）

结合达尔文的天择理论与孟德尔的遗传定律，认为进化是渐进的，自然选择是目前为止主要导致变异的因素，自然选择影响物种在其生境中的表型。

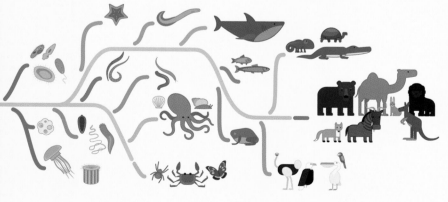

"孟德尔学说"
孟德尔

孟德尔进行了八年的豌豆杂交实验，得出遗传特征由显性基因决定，以及基因的分离和自由组合定律。

达尔文女儿过世，导致其放弃基督信仰。

《社会静力学》，斯宾塞

描绘社会中"适者生存"的形式，认为人类社会会不断淘汰不适应的个体。
1959 年达尔文《物种起源》的出版，斯宾塞更将达尔文的天择理论套用到社会上，甚至主张政府不应该帮助那些生活困顿的"不适者"。

"物种进化论"
《马来群岛》，华莱士

自然界中有一条通用法则，野生动物终其一生，都在为生存而竞争，最能适应环境、抵御天敌的物种，它们的种群数量必然增加，而最虚弱与不健全的，注定被大自然淘汰。

始祖鸟的化石在德国出土。

达尔文的好友赫胥黎指出，始祖鸟正是爬虫类过渡到鸟类的居间型动物。

| 851 年 | 1854 年 | 1855 年 | 1857 年 | 1858 年 | 1859 年 | 1861 年 | 1869 年 |

"养鸽者可以利用人工育种，创造出许多新形态的鸽种，品种间的个体差异很显著，不知情的人一定会以为是完全不同的鸟类。"达尔文对物种进化更有信心。

《藤壶科与花笼科》
达尔文

1846 年～1954 年，达尔文进行藤壶的研究与分类。

"进化论"（达尔文主义）
《物种起源》，达尔文

以自然选择作为理论核心，认为个体差异有的有利生存、有的不利生存，不利生存的个体会逐渐遭到淘汰，留下有利生存的个体。

开尔文爵士

地球形成的时间不到一亿年！根本不够让生物进化！

"优生学"
《遗传天才》，高尔顿

认为应该鼓励适应社会的精英结婚生子，这样的主张称为"积极优生学"。

图书在版编目（CIP）数据

进化论的故事 / 小牛顿科学教育公司编辑团队编著 . -- 北京 ： 北京时代华文书局，2018.8
（小牛顿科学故事馆）
书名原文：进化论的故事
ISBN 978-7-5699-2483-1

Ⅰ．①进… Ⅱ．①小… Ⅲ．①进化论－少儿读物 Ⅳ．① Q111-49

中国版本图书馆 CIP 数据核字（2018）第 146518 号

版权登记号 01-2018-5060

本著作中文简体版通过成都天鸢文化传播有限公司代理，经小牛顿科学教育有限公司授权中国大陆北京时代华文书局有限公司独家出版发行，非经书面同意，不得以任何形式，任意重制转载。本著作限于中国大陆地区发行。

文稿策划：苍弘萃、罗玉容

图片来源：
Wikipedia：P4~6、P8~12、P14、P17~22、P25、
P26、P30~32、P34~36、P38~42、P44、P46~48、
P51~54、P72
Dreamstime：P9、P24、P27、P28、P49、P69
Shutterstock：P16、P18、P23、P29、P37、P48、
P50、P52、P53、P59、P73、P75~78
Hans Stieglitz/Wikipedia：P29
Nihal Jabin/Wikipedia：P44
H. Raab/Wikipedia：P56

H.Zell/Wikipedia：P57
Dr. Günter Bechly/Wikipedia：P58
Dwergenpaartje/Wikipedia：P60
John Fowler/Wikipedia：P62

插画：
陈瑞松：P7、P13、P37、P43、P60、
P61、P75
饶维伦：P70、P71
许世模：P74、P76、P79
NASA：P63
牛顿／小牛顿数据库：P70、P76

进 化 论 的 故 事
Jinhualun de Gushi

编　　著 | 小牛顿科学教育公司编辑团队

出 版 人 | 王训海
选题策划 | 王训海
责任编辑 | 许日春　沙嘉蕊
装帧设计 | 九　野　王艾迪
责任印制 | 刘　银

出版发行 | 北京时代华文书局 http://www.bjsdsj.com.cn
　　　　　北京市东城区安定门外大街 136 号皇城国际大厦 A 座 8 楼
　　　　　邮编：100011　电话：010-64267955　64267677
印　　刷 | 小森印刷（北京）有限公司　010-80215073
　　　　　（如发现印装质量问题，请与印刷厂联系调换）
开　　本 | 787mm×1092mm　1/16　印　张 | 5　字　数 | 70 千字
版　　次 | 2018 年 8 月第 1 版　印　次 | 2018 年 8 月第 1 次印刷
书　　号 | ISBN 978-7-5699-2483-1
定　　价 | 29.80 元